실용 예제로 배우는

알기 쉬운
공업역학

이리에 도시히로 지음 황규대 옮김

동양북스

실용 예제로 배우는

알기 쉬운
공업역학

초판 인쇄 | 2019년 2월 25일
초판 발행 | 2019년 3월 05일

지은이 | 이리에 도시히로(入江敏博)
옮긴이 | 황규대
발행인 | 김태웅
편집장 | 강석기
마케팅 | 나재승
제 작 | 현대순
편 집 | 신선정
디자인 | 서진희

발행처 | (주)동양북스
등 록 | 제 2014-000055호(2014년 2월 7일)
주 소 | 서울시 마포구 동교로22길 12 (04030)
구입 문의 | 전화 (02)337-1737   팩스 (02)334-6624
내용 문의 | 전화 (02)337-1762   dybooks2@gmail.com

Original Japanese language Edition
SHOKAI KOGYO RIKIGAKU 2nd Edition by Toshihiro Irie
Copyright© 2016 by Toshihiro Irie
Korean translation rights arranged with Ohmsha, Ltd.
through Japan UNI Agency, Inc., Tokyo and BC Agency, Seoul

ISBN 979-11-5768-485-4   93550

이 도서의 국립중앙도서관 출판예정도서목록(CIP)은 서지정보유통지원시스템 홈페이지(http://seoji.nl.go.kr)와
국가자료공동목록시스템(http://www.nl.go.kr/kolisnet)에서 이용하실 수 있습니다.
(CIP제어번호:CIP2019003984)

머리말

이 책은 대학, 전문대학, 고등전문학교에서 기계 계열 학과 학생의 교과서로서, 또한 그 밖의 폭넓은 분야의 기술자용 참고서로 저술한 것이다. 따라서 다음 몇 가지 사항에 특별히 주의를 기울였다.

(1) 평면에 작용하는 힘과 그것에 의해 발생하는 운동을 주요 내용으로 하여, 역학에 관한 기본적인 중요 사항을 알기 쉽게 설명했다.

(2) 기초적인 수학 지식만으로도 충분히 이해할 수 있도록 배려했다.

(3) 우리가 일상에서 쉽게 경험할 수 있는 실제적인 예제를 많이 다루어 독자의 흥미를 유발하고, 이해를 심화할 수 있게 했다.

(4) 약 1년간의 학습 기간에 맞춰 100 문항의 연습 문제를 출제하고 부록에 힌트와 해답을 실었다.

(5) 단위는 모두 새로운 국제단위(SI단위)를 따르고 있다.

역학은 결코 새로운 학문이 아니다. 17세기 말, 뉴턴이 운동 법칙을 발견한 이래 많은 수학자와 물리학자에 의해 역학이 훌륭한 학문 체계가 된 것은 비교적 새로운 것이라고 할 수 있다. 하지만, 이미 기원전부터 상당히 높은 수준의 학문, 지식, 경험이 있었다는 것은 현재 남아 있는 건축물이 완벽하게 역학의 법칙에 들어맞는다는 점에서 충분히 미루어 짐작할 수 있다. 역학이 과학과 기술의 기초가 되어 인류 사회에 큰 공헌을 하고 있다는 것은 예로부터 지금까지 변함이 없다.

어떤 학문이나 학문 이외의 어떤 일에서도 기본이 중요하다. 기초적인 지식과 사고방식을 확실하게 습득하고 있으면, 아무리 전문 분야가 세분화되고 진보해도 필요에 따라 충분히 응용 능력을 발휘할 수 있을 것이다. 지금이야말로 과학·기술 분야에서 세계의 첨단을 선도하는 우리나라가 선진국과 어깨를 나란히 하고, 미래에 지도적인 역할을 해야 하는 막중한 시기이다. 다음 세대를 짊어질 젊은 학생과 기술자들이 기초적인 역학을 한 명이라도 더 많이 이해하고, 그 지식을 각 분야의 일에 활용하는 것이 저자의 가장 큰 희망이다.

이 책을 만드는 데 많은 서적을 참고하였다. 참고 문헌의 저자 분들께 깊은 감사의 뜻을 전하고 출판에 많은 노력을 기울여 준 편집부 여러분께 감사의 말씀을 드린다.

저자 **이리에 도시히로**

역자의 말

역학은 물체가 정지하고 있는 상태에서 작용하는 힘의 평형을 다루는 정역학(Statics)과, 물체 사이에 작용하는 힘이 물체의 운동에 미치는 영향을 연구하는 동역학(Dynamics)으로 분류되며 기계공학을 전공하는 학습자는 반드시 배워야 하는 매우 중요한 연구 분야이다.

이 책에서는 정역학(1장~3장)과 동역학(4장~11장)을 함께 다루고 있다. 정역학에서는 힘의 합성과 분해, 모멘트, 지점과 반력, 트러스 부재와 구조물의 해석, 무게 중심, 보에 작용하는 분포력 등에 대한 설명을 하였다. 동역학에서는 속도와 가속도, 뉴턴의 운동법칙, 구심력과 원심력, 평면운동과 회전운동, 마찰, 일과 에너지, 운동량과 충돌, 진동, 입체적인 힘의 작용 등에 대한 설명을 하였다. 또한, 일상생활에서 경험할 수 있는 사례와 자동차, 조선, 항공, 우주산업 분야 등에서 응용되는 사례를 예제로 수록하여 학습자가 흥미를 가질 수 있도록 하였다. 한편, 모든 예제와 연습 문제에 자세한 풀이 과정을 담아 알기 쉽게 설명함으로써 기초적인 수학능력을 갖춘 학습자라도 스스로 개념을 터득할 수 있도록 하였다.

이 책의 원서인 《詳解 工業力學》은 1983년에 일본의 대학, 단기대학 등 기계 계열 학과의 전공 교재로 발행된 이래, 지금까지 기계공학도의 역학 입문서이자 산업 현장 기술자의 참고서로 활용되면서 개정을 거쳐 32년간 기계공학 전문 도서의 스테디셀러로서 꾸준히 판매되고 있다. 원서에 표기된 가타카나와 한자 용어는 대한기계학회의 기계용어집과 국내에서 출간된 공업역학 서적을 참고하여 역학 용어로 번역하였고, 문제의 일본식 표현 등은 우리말 정서에 맞게 표현을 순화하여 의역하였다. 역학에 대한 원저자의 교육 철학과 집필 의도를 충분히 반영하기 위해 노력했으나 부족한 점은 향후 개정판을 통해 보완해 나갈 생각이다. 아무쪼록 본 교재를 통해 많은 기계공학도들이 역학에 흥미를 가지게 되고, 여기서 배운 기초 지식을 바탕으로 재료역학, 유체역학, 열역학 등의 전공 교과목을 학습하는 데 도움이 되었으면 하는 바람이다.

끝으로 수요가 많지 않은 전문 교재임에도 불구하고 흔쾌히 출판을 허락해 주신 동양북스의 김태웅 대표님과 나재승 이사님 그리고 편집부 여러분께 깊은 감사의 말씀을 전한다.

2019년 1월

황규대 드림

차례

제 1 장 한 점에 작용하는 힘

제 2 장 강체에 작용하는 힘

차례

제6장　강체의 운동

제7장　마찰

차례

그리스 문자

A	α	Alpha	알파
B	β	Beta	베타
Γ	γ	Gamma	감마
Δ	δ	Delta	델타
E	ϵ	Epsilon	엡실론
Z	ζ	Zeta	제타
H	η	Eta	에타
Θ	θ	Theta	세타
I	ι	Iota	이오타
K	κ	Kappa	카파
Λ	λ	Lambda	람다
M	μ	Mu	뮤
N	ν	Nu	뉴
Ξ	ξ	Xi	크시
O	o	Omicron	오미크론
Π	π	Pi	파이
P	ρ	Rho	로
Σ	σ	Sigma	시그마
T	τ	Tau	타우
Y	υ	Upsilon	입실론
Φ	ϕ	Phi	파이
X	χ	Chi	카이
Ψ	ψ	Psi	프사이
Ω	ω	Omega	오메가

제 **1** 장 한 점에 작용하는 힘

바닥에 놓인 물체를 들어올리거나, 공을 받거나, 스프링을 잡아당기고 압축시키는 등 물체의 모양을 바꾸거나 운동 상태를 변화시키는 원인이 되는 작용을 **힘**(force)이라고 한다. 우리들은 매일같이 중력, 풍력, 수압, 타격력 같은 다양한 힘을 경험하고 있다.

역학(mechanics)이란, 물체에 작용하는 힘과 그 힘에 의해 일어나는 물체의 운동을 연구하는 학문으로서 크게 **정역학**(statics)과 **동역학**(dynamics)으로 나뉜다. 간단한 물건을 만들 때도 역학적인 지식이 필요하며, 이집트의 피라미드를 비롯해 고대 유적의 건축에는 상당한 수준의 지식이 응용되었을 것이다.

역학 중에서 힘의 평형을 다루는 정역학은 대부분 기원전 아르키메데스[1] 시대에 발생한 것으로 그 후 중세를 거쳐 르네상스 시기의 갈릴레이[2], 뉴턴[3]에 이르러 운동을 다루는 동역학이 정립되고, 대략적인 역학의 체계가 완성되었다고 할 수 있다. 그 후, 오일러[4], 라그랑주[5]를 비롯한 근세 수학자에 의해 형식이 갖춰진 근대적인 학문체계로 발전하였다.

따라서 이 책에서도 역사적인 순서에 따라 우선 1~3장에서 정역학을 다루고 4장부터는 동역학에 대해 설명하려고 한다.

[1] Archimedes (287?~212 B.C.)
[2] Galileo Galilei (1564~1642)
[3] Sir Isaac Newton (1643~1727)
[4] Leonhard Euler (1707~1783)
[5] Joseph Louis Lagrange (1736~1813)

우리들이 일상에서 경험하고 있듯이 물체에 작용하는 힘은 크기와 방향, 그리고 작용하는 지점 등에 따라 달라진다. 따라서 힘을 그림으로 나타내기 위해 그림 1-1과 같이 힘이 작용하는 점 O에서 힘의 방향으로 크기 F에 비례한 길이를 갖는 선분 OA를 그리고, 힘의 방향에 화살표를 붙여서 나타내기로 한다. 그 힘이 작용하는 점 O를 **작용점**(point of application)

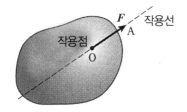

|그림| 1-1 힘을 나타내는 방법

이라고 하고, 힘의 방향을 나타내는 직선을 **작용선(line of action)**이라고 한다.

힘과 마찬가지로 속도, 가속도, 전기장의 세기 등도 크기와 함께 방향을 가지고 있으며 이러한 물리량을 **벡터(vector)**라고 한다. 힘이 벡터량이라는 것을 나타내기 위해 보통 굵은 문자 F를 쓰거나 화살표를 붙인 기호 $\vec{F}$로 나타내고, 단순히 크기만을 나타내려면 가는 문자 F나 절댓값 기호를 붙여 $|F|$와 같이 쓰고 있다.

실제로 물체나 기계에 힘이 작용할 경우, 힘은 한 점에만 집중해서 작용하지 않는다. 예를 들면, 손으로 짐을 옮기거나 자동차가 도로를 달리는 경우에도, 손과 짐 또는 타이어와 노면 사이에 작용하는 힘은 접촉면에 분포해서 작용하고 있다. 그러나 물체의 크기에 비해 접촉 면적이 매우 작거나 분포력을 무시해도 되는 경우에는, 힘이 한 점에 집중해서 작용하는 것이라고 간주해도 실용적인 응용에서 크게 문제될 것이 없다.

1-3 ▶ 역학의 단위(국제단위)

우리나라에서는 미터법이 시행되고 있고, 공업관계의 역학에서는 국제 킬로그램의 원기라고 하는 백금-이리듐 합금체에 작용하는 중력을 힘의 단위로 하여 그것을 **1킬로그램중(kg-wg)**이라고 정의하는 중력단위계를 사용해 왔다. 하지만 1960년에 국제도량형총회가 **국제단위계(Le Systéme International d'Unités, 약칭 SI)**를 사용하기로 결정한 이후, 1969년에는 국제표준화기구(ISO)에서도 도입이 결정되는 등 세계적으로 새로운 단위계로의 전환이 원활하게 이루어졌다. 따라서 이 책에서도 모든 물리량에 대해 새로운 SI의 단위를 사용하고 있다.

SI단위는 기본단위와 보조단위, 그리고 이것을 조합한 조립단위로 구성된다. 공업역학 분야에서 주로 사용되는 단위를 표 1-1에 나타내었다.

| 표 1-1 | 공업역학 관련 기본 단위

물리량	명칭	기호	기타 단위 참고 (환산 가능한 단위)
길이	미터(meter)	m	
면적	평방미터(square meter)	m^2	
부피	입방미터(cubic meter)	m^3	(L)
각도	라디안(radian)	rad	(° ′ ″)
시간	초(second)	s	(h, min)
속도, 속력	meter per second	m/s	(km/h)
각속도	radian per second	rad/s	

가속도	meter per second	m/s^2	
각가속도	radian per second squared	rad/s^2	
질량	킬로그램(kilogram)	kg	(t)
밀도	kilogram per cubic meter	kg/m^3	$(t/m^3,\ kg/L)$
운동량	kilogram meter per second	$kg \cdot m/s$	
각운동량 운동량의 모멘트	kilogram square meter per second	$kg \cdot m^2/s$	
관성 모멘트	kilogram square meter	$kg \cdot m^2$	
힘	뉴턴(Newton)	N	$kg \cdot m/s^2$
역적	Newton second	$N \cdot s$	$kg \cdot m/s$
토크력 모멘드	Newton meter	$N \cdot m$	$kg \cdot m^2/s^2$
압력(응력)	파스칼(Pascal)	Pa	N/m^2
에너지, 일	줄(Joule)	J	$N \cdot m$
동력, 일률	와트(Watt)	W	J/s
회전반경	미터	m	
회전수, 회전 속도	revolution per second	1/s	
진동수, 주파수	헤르츠(Hertz)	Hz	1/s (rpm)
각진동수	radian per second	rad/s	
주기	초	s	
파장	미터	m	
파수	per meter	1/m	

일본기계학회 : 기계공학 SI 매뉴얼(개정2판), 1989.

| 표 1-2 | SI 접두어

배수	접두어		기호	배수	접두어		기호
10^{18}	exa	엑사	E	10^{-1}	deci	데시	d
10^{15}	peta	페타	P	10^{-2}	centi	센티	c
10^{12}	tera	테라	T	10^{-3}	milli	밀리	m
10^{9}	giga	기가	G	10^{-6}	micro	마이크로	μ
10^{6}	mega	메가	M	10^{-9}	nano	나노	n
10^{3}	kilo	킬로	k	10^{-12}	pico	피코	p
10^{2}	hecto	헥토	h	10^{-15}	femto	펨토	f
10	deca	데카	da	10^{-18}	atto	아토	a

이 중 kg, m, s가 기본단위, rad가 보조단위이며 나머지는 모두 조립단위이다.

특히 물리량의 크기가 매우 크거나 작을 경우에는 표 1-2에 나타낸 바와 같이 10의 거듭제곱을 접두어로 정의하고 이것을 단위에 붙여서 사용하고 있다.

중력단위와 SI단위와의 큰 차이점 중 하나는, 중력단위계에서 힘의 단위로 사용했던 kg

이 SI단위에서는 질량의 단위를 나타낸다는 점이다.

일정한 질량을 가진 물체에 힘이 작용하여 어떤 가속도로 운동하는 경우, 뉴턴의 운동법칙(5-1절)에 의해

$$힘 = 질량 \times 가속도$$

의 관계가 있고, SI 단위에서는 1kg의 질량을 가진 물체에 1m/s^2의 가속도를 주는 힘의 크기를 1N이라고 다음과 같이 정의하고 있다.

$$1\text{N} = 1\text{kg} \times 1\text{m/s}^2 = 1\text{kg} \cdot \text{m/s}^2$$

중력단위에서는 힘의 단위를 kgf로 나타내고 중력가속도의 표준값이 $g = 9.80665\,\text{m/s}^2$이므로

$$1\text{kgf} = 9.81\text{kg} \cdot \text{m/s}^2 = 9.81\text{N}$$

또는 그것을 역수로 하면

$$1\text{N} = 0.102\,\text{kgf}$$

의 관계가 있다.

미국과 유럽에서는 아직도 ft-lb(피트-파운드)계의 단위가 쓰이고 있으므로 SI단위와의 환산표를 표 1-3에 나타내었다.

| 표 1-3 | ft-lb계에서 SI단위로의 환산

양	환산
길이	1 in = 0.0254m 1 ft = 0.3048m
질량	1 lb = 0.4536kg
힘	1 lbf = 4.448N
힘의 모멘트	$1\ \text{lbf} \cdot \text{in} = 0.1130\text{N} \cdot \text{m}$ $1\ \text{lbf} \cdot \text{ft} = 1.356\text{N} \cdot \text{m}$
에너지, 일	$1\ \text{lbf} \cdot \text{ft} = 1.356\text{J}$
압력(응력)	$1\ \text{lbf} / \text{in}^2 = 6895\,\text{Pa}$ $1\ \text{lbf} / \text{ft}^2 = 47.88\,\text{Pa}$
중력	$1\ \text{lbf} \cdot \text{ft/s} = 1.356\text{W}$

1-4 ▶ 힘의 합성과 분해

1 두 개의 힘의 합성

그림 1-2(a)와 같이 어느 한 점 O에 두 개의 힘 F_1과 F_2가 작용할 때, O점에는 이 두 힘을 두 변으로 하는 평행사변형의 대각선 OC로 나타낸 힘 R이 작용한 것과 똑같은 효과가 생긴다. 이와 같이, 두 개의 힘과 똑같은 작용을 하는 하나의 힘을 구하는 것을 힘의 합성이라고 하고, 구해진 힘을 **합력**(resultant force)이라고 한다. 평행사변형을 만드는 대신에, 그림(b)와 같이 힘 F_2를 평행이동시키고, F_1의 시작점 O에서

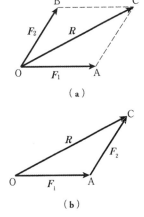

| 그림 | 1-2 두 개의 힘의 합성(1)

F_2의 선단 C에 이르는 선분을 구해도 합력 R을 구할 수 있다. 이와 같은 방법으로 만들어진 삼각형 OAC를 **힘의 삼각형(force triangle)**이라고 한다.

합력 F는 작도하지 않고 계산으로도 구할 수 있다. 그림 1-3과 같이, 힘 F_1과 F_2 사이의 각도를 α라고 하고, F_1과 합력 R 사이의 각도를 θ라고 하면, 삼각함수의 코사인법칙에 의해

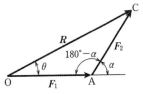

|그림| 1-3 두 개의 힘의 합성(2)

$$R = \sqrt{F_1^2 + F_2^2 + 2F_1F_2\cos\alpha} \qquad (1 \cdot 1)$$

또, 사인법칙에 의해

$$\frac{F_2}{\sin\theta} = \frac{R}{\sin(180° - \alpha)} = \frac{R}{\sin\alpha}$$

이므로, 각도 θ는

$$\sin\theta = \frac{F_2}{R}\sin\alpha \qquad (1 \cdot 2)$$

에서 계산할 수 있다.

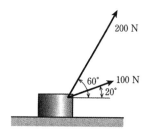

|그림| 1-4 물체에 작용하는 두 개의 힘

• 예제 1-1 •

그림 1-4와 같이 물체를 수평면과 20°의 각도를 갖는 100N의 힘과, 60°의 각도를 갖는 200N의 힘으로 동시에 끌어당길 때 합력의 크기와 방향을 구하시오.

풀이

식(1 · 1)에 의해, 합력의 크기는

$$R = \sqrt{100^2 + 200^2 + 2 \times 100 \times 200\cos40°} = 284.0N$$

20° 방향의 힘과의 사이의 각도는, 식(1 · 2)에 의해

$$\theta = \sin^{-1}\left(\frac{200}{285}\sin40°\right) = 26°56'$$

으로, 합력은 수평면에 대해 46°56'의 방향을 향하고 있다.

2 힘의 분해

합성과는 반대로 하나의 힘을 두 개 이상의 힘으로 분해할 수 있다. 분해해서 얻어진 힘을 원래의 힘에 대한 **분력**(component of force)이라고 한다. 힘을 분해하는 경우, 합력의 방향을 지정하지 않는 한, 그림 1–5와 같이 다양한 방법으로 분해할 수 있다.

역학에서 가장 많이 쓰이는 분력은, 그림 1–6에 나타낸 바와 같이 직교좌표축에 평행한 분력이다. 이 경우, 힘 F의 x축과 y축 방향의 분력 크기는

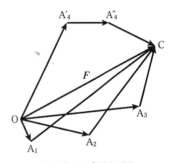

|그림| 1–5 힘의 분해법

$$F_x = F\cos\theta, \ F_y = \sin\theta \qquad (1 \cdot 3)$$

이다.

이와 반대로, 직각방향의 분력 F_x와 F_y가 주어져 있을 때 합력의 크기와 방향은

$$F = \sqrt{F_x^2 + F_y^2}, \ \tan\theta = \frac{F_y}{F_x} \qquad (1 \cdot 4)$$

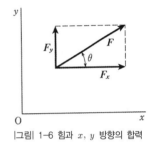

|그림| 1–6 힘과 x, y 방향의 합력

에 의해 결정된다. θ는 F_x와 F_y로 둘러싸인 **사분면**(quadrant) 내의 각도를 구하면 된다.

• 예제 1–2 •

수평면에 대해 $25°$ 방향을 갖는 $500\mathrm{N}$의 힘의 수평방향과 연직방향의 분력의 크기는 얼마인가?

풀이

각 분력의 크기는, 각각
$$F_x = 500\cos 25° = 453.0\,\mathrm{N},$$
$$F_y = 500\sin 25° = 211.5\,\mathrm{N}$$
이다.

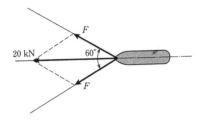

|그림| 1-7 배를 끄는 힘

· 예제 1-3 ·

배를 끄는 힘

대형선을 끄는 데 20 kN의 힘이 필요하면, 이것을 그림 1-7과 같이 두 개의 방향에서 로프로 끌 경우, 각각의 로프에는 얼마의 힘이 작용하는가?

풀이

구하는 힘의 크기는

$$2F \cos 30° = 20$$

의 관계에서

$$F = \frac{20}{2\cos 30°} = 11.5 \, \text{kN}$$

이 된다.

3 한 점에 여러 힘이 작용하는 경우

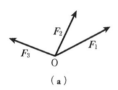

(**a**)

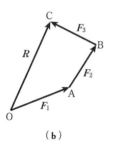

(**b**)

|그림| 1-8 힘의 다각선

세 개 이상의 힘이 한 점에 작용할 때는, 그림 1-8과 같이 하나의 힘의 선단(끝)을 다음 힘의 시작점으로 하고 이것을 계속해서 연결해 가면, 처음 힘의 시작점에서 마지막 힘의 선단에 이르는 선분으로 합력을 구할 수 있다. 이렇게 해서 그려진 다각형을 **힘의 다각형**(force polygon)이라고 한다.

합력을 계산으로 구하기 위해서는, 그림 1-9와 같이 힘의 평면 내에 임의의 직교좌표계 $O - xy$를 잡고, 각각의 힘 F_i를 두 방향의 분력 $F_i \cos \theta_i$와 $F_i \sin \theta_i$로 분해한다. 그림에서 알 수 있듯이, 합력 R의 분력은 각 힘의 분력의 합과 같다.

$$\left. \begin{array}{l} R_x = F_1 \cos\theta_1 + F_2 \cos\theta_2 + \cdots\cdots + F_n \cos\theta_n = \Sigma F_i \cos\theta_i \\ R_y = F_1 \sin\theta_1 + F_2 \sin\theta_2 + \cdots\cdots + F_n \sin\theta_n = \Sigma F_i \sin\theta_i \end{array} \right\}$$

$$(1 \cdot 5)$$

따라서 합력의 크기는

$$R = \sqrt{\left(\Sigma F_i \cos\theta_i\right)^2 + \left(\Sigma F_i \sin\theta_i\right)^2} \qquad (1 \cdot 6)$$

으로, x축과의 사이 각도는

$$\tan\theta = \frac{\Sigma F_i \sin\theta_i}{\Sigma F_i \cos\theta_i} \qquad (1 \cdot 7)$$

가 된다.

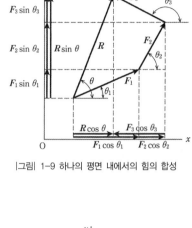

|그림| 1-9 하나의 평면 내에서의 힘의 합성

• 예제 1-4 •

그림 1-10에 나타낸 네 개의 힘의 합력을 구하시오.

풀이

아래에 나타낸 바와 같이 표를 만들어 계산하면 편리하고 알기 쉽다.
합력의 크기는

$$R = \sqrt{161.6^2 + 315.8^2} = 354.7 \text{N}$$

|표 1-4| 네 개의 힘의 합성

F_1	θ_i	$F_1 \cos\theta_i$	$F_i \sin\theta_i$
500N	30°	433.0N	250.0N
250N	100°	−43.4N	246.2N
400N	160°	−375.9N	136.8N
350N	295°	147.9N	−317.2N
계		161.6N	315.8N

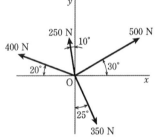

|그림| 1-10 한 점에 작용하는 네 개의 힘

x축과의 사이 각도는

$$\theta = \tan^{-1}\frac{315.8}{161.6} = 62° 54'$$

이다.

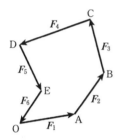

|그림| 1-11 바닥 위에 놓인 물체에 작용하는 힘

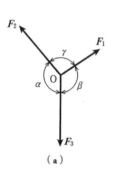

|그림| 1-12 한 점에 작용하는 힘의 평행

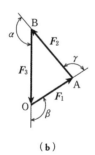

（a）

（b）

|그림| 1-13 세 개의 힘의 평형

1-5 ▶ 힘의 평형

한 점에 작용하는 둘 이상의 힘의 합력이 제로(zero)가 될 때, 힘은 물체에 아무런 작용도 하지 않는다. 이러한 것을 힘이 **평형**(equilibrium) 상태를 이루고 있다고 한다.

두 힘이 평형을 이루고 있을 때는, 그 두 힘의 크기는 같고, 방향은 반대이다. 예를 들면, 그림 1-11과 같이, 바닥 위에 놓인 물체에는 중력 W가 작용하여 바닥을 아래로 밀고 있지만, 바닥은 이것을 같은 크기의 힘 N으로 물체를 밀어 올리고 있다. 그 결과, 중력과 바닥으로부터의 힘(반력)이 평형을 이루어 물체는 정지 상태를 유지한다.

세 개 이상의 힘이 평형일 때는, 그 합력은 제로이기 때문에 이들 힘에 의해 생기는 다각형은 닫혀서 그림 1-12와 같이 된다. x, y축 방향의 분력으로 생각하면, 합력의 크기가 제로가 되기 위해서는, $R_x = R_y = 0$, 즉,

$$\left. \begin{array}{l} \Sigma F_i \cos\theta_i = 0 \\ \Sigma F_i \sin\theta_i = 0 \end{array} \right\} \tag{1 • 8}$$

이 되어야 한다.

특히, 그림 1-13에 나타낸 바와 같이 세 개의 힘 F_1, F_2, F_3가 평형일 때는, 힘의 삼각형 OAB가 닫혀 있어야 하고, 삼각형의 내각이 각각 $180° - \alpha$, $180° - \beta$, $180° - \gamma$이므로, 사인법칙에 의해

$$\frac{F_1}{\sin(180° - \alpha)} = \frac{F_2}{\sin(180° - \beta)} = \frac{F_3}{\sin(180° - \gamma)}$$

따라서 다음과 같은 간단한 관계가 성립한다.

$$\frac{F_1}{\sin\alpha} = \frac{F_2}{\sin\beta} = \frac{F_3}{\sin\gamma} \tag{1 • 9}$$

이것을 **라미의 정리**(Lami's theorem)라고 한다.

• 예제 1-5 •

두 개의 줄에 매달린 물체

질량이 30kg인 물체를, 그림 1-14와 같이 수평면에 대해 25˚와 35˚의 줄로 매달 때, 각각의 줄에는 얼마의 힘이 작용하는가?

풀이

질량 30kg의 물체에는 $30 \times 9.81 = 294$N의 중력이 작용한다. 식(1-9)에 의해

$$\frac{294}{\sin 120˚} = \frac{F_1}{\sin 125˚} = \frac{F_2}{\sin 115˚}$$

따라서 각각의 줄에는

$$F_1 = 294 \times \frac{\sin 125˚}{\sin 120˚} = 278.0\text{N}$$

$$F_2 = 294 \times \frac{\sin 115˚}{\sin 120˚} = 307.6\text{N}$$

의 힘이 작용한다.

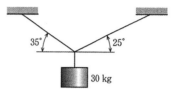

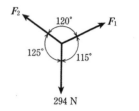

|그림| 1-14 두 개의 줄에 매달린 물체

• 예제 1-6 •

힘의 평형

한 점 O에 그림 1-15의 실선으로 표시한 세 개의 힘이 작용하고 있다. 이것에 어느 정도의 힘을 작용시키면 평형이 되겠는가?

풀이

구하는 힘의 크기를 F, x축과의 사이 각도를 θ라고 하면, 식(1-8)에 의해

$$200\cos 0˚ + 150\cos 210˚ + 250\cos 300˚ + F\cos\theta = 0$$
$$200\sin 0˚ + 150\cos 210˚ + 250\sin 300˚ + F\sin\theta = 0$$

이것으로부터

$$F\cos\theta = -195.1\text{N} \quad, \quad F\sin\theta = 291.5\text{N}$$

따라서 힘의 크기는

$$F = \sqrt{(-195.1)^2 + 291.5^2} = 350.8\text{N}$$

방향은

$$\theta = \tan^{-1}\left(\frac{291.5}{-195.1}\right) = 123˚47'$$

이 된다.

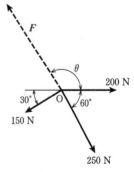

|그림| 1-15 힘의 평형

풀이와 해답 | p.208

연습 문제

1-1 질량이 (1) 500g, (2) 250kg, (3) 4.8ton 인 물체에 작용하는 중력의 크기(중량) 는 얼마인가?

1-2 (1) 1rad를 각도로 고치면 얼마인가?
(2) 1°는 라디안으로 나타내면 얼마인가?
(3) 1직각의 1/100을 라디안으로 나타 내면 얼마인가?

1-3 다음 그림 (a), (b)에 나타낸 다섯 힘의 합력의 크기를 구하시오.

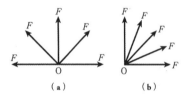

(a)　　　　(b)

1-4 연직방향에 작용하는 250N의 힘을, 수 평방향의 힘과 연직방향에서 20° 기울 어진 힘으로 분해하시오.

1-5 다음 그림과 같이 질량이 20kg인 물체를 매단 줄을 연직방향과 30° 각도가 될 때 까지 수평으로 끌어당겼다. 이때 줄의 장 력과 수평력의 크기는 얼마인가?

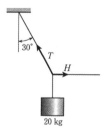

1-6 다음 그림과 같이 중앙에 물체를 매단 줄을 수평면과 α의 각도가 될 때까지 끌어당길 때, 줄의 장력은 물체의 중량 W의 몇 배가 되는가?

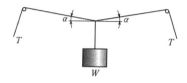

1-7 다음 그림과 같이 수평면과 30° 각도를 이루는 매끈한 경사면에 놓인 100kg의 물체를 수평으로 작용하는 힘으로 지탱 하기 위해서는 얼마의 힘이 필요한가?

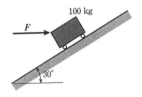

1-8 다음 그림과 같이 8m 높이의 해안 절벽 에서 배를 20° 각도로 끌어당길 때 필요 한 힘은 800N이다. 이 배에 작용하는 저항력의 크기는 얼마인가? 또한, 해안 절벽에서 거리(x)에 따라 배를 당기기 위해 필요한 힘은 어떻게 변하겠는가?

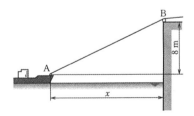

제 2 장 강체에 작용하는 힘

물체에 외부에서 힘을 가해도 물체 내의 점이 서로 그 위치를 바꾸지 않을 때, 이것을 **강체**(rigid body)라고 한다. 어떤 물체든지 힘을 가하면 다소의 변형이 발생하는데, 그 변형이 물체의 운동이나 크기에 비해 매우 작을 때는 이것을 강체라고 생각해도 무방하다. 다만, 강체에 작용하는 힘을 생각할 경우, 힘의 크기와 방향 외에 힘이 작용하는 작용점과 이 점을 통과하는 작용선이 문제가 된다. 힘은 그 크기와 방향을 바꾸지 않는 한, 작용점을 작용선상의 어디로 옮기더라도 그 효과가 변하지 않는다.

2-1 두 힘의 합성

1 평행이 아닌 힘

그림 2-1과 같이 물체상의 두 개의 점 A, B에 힘 F_1, F_2가 작용할 때 그 합력은 이들 힘을 작용선의 교점 C까지 이동시키고 거기에서 합성하면 된다. 이때 힘 R이 합력이 되고 그 작용점은 C점을 통과하는 작용선상의 어느 곳에 놓아도 된다.

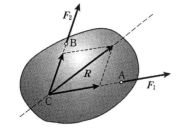

|그림| 2-1 강체에 작용하는 힘의 합성

2 평행한 힘(평행력)

힘 F_1, F_2가 서로 평행한 경우는 작용선의 교점이 구해지지 않는다. 따라서 그림 2-2와 같이 이들 힘의 작용점 A, B에 크기가 같고, 방향이 반대인 한 쌍의 힘 $-F'$, F'을 추가해 생각한다. 이 한 쌍의 힘은 원래 평형 상태이므로 이들의 힘을 추가해도 전체적인 효과에는 영향을 미치지 않는다. 따라서 우선 F_1과 $-F'$, F_2와 F'의 합력 F_1'과 F_2'를 만들고, 다음으로 이들의 힘을 그 작용선상에서 교점 O까지 이동시키고, 이 점에서 두 힘을 합성하면, 그 합력 R은 주어진 평행력 F_1, F_2의 합력이 된다. 이 경우 R은 F_1, F_2에 평행하고 그 크기는 두 힘의 크기의 합과 같이

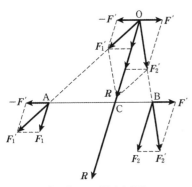

|그림| 2-2 평행력의 합성

$$R = F_1 + F_2 \qquad (2 \cdot 1)$$

이다. 그림 2–2와 같이 힘 R을 그 작용선상에서 선분 AB에 있는 점 C까지 이동시킬 때 삼각형의 상사법칙에 의해

$$\frac{\overline{AC}}{\overline{OC}} = \frac{F'}{F_1}, \qquad \frac{\overline{BC}}{\overline{OC}} = \frac{F'}{F_2}$$

따라서

$$\frac{\overline{AC}}{\overline{BC}} = \frac{F'/F_1}{F'/F_2} = \frac{F_2}{F_1} \qquad (2 \cdot 2)$$

로 C점은 선분 AB를 두 힘의 크기의 **역비례**(inverse ratio)로 내분하는 점이 된다.

평행력 F_1과 F_2의 방향이 반대일 때도 그림 2–3과 같이 같은 방향의 경우와 동일한 방법으로 합성할 수 있다. 이 경우, 합력의 크기는 두 힘의 크기의 차와 같고 작용선은 선분 AB를 힘의 크기의 역비례로 외분하는 점을 통과한다.

위에서 설명한 두 힘은 모두 동일한 평면에 있는 힘이지만 입체적인 힘에서는 평행한 상태가 아니어도 서로 교차하지는 않는다. 입체력에 대해서는 11장에서 다룬다.

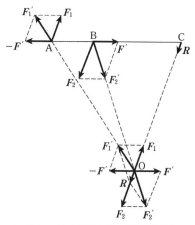

|그림| 2–3 반대 방향을 갖는 평행력의 합성

2-2 **힘의 모멘트**

1 힘의 모멘트

볼트를 스패너로 단단히 조일 경우, 그림 2–4와 같이 스패너에 힘 F를 가하면, 볼트는 오른쪽 방향(시계 방향)으로 회전한다. 이때 힘의 크기와 볼트의 중심선에서 힘까지 거리 l이 클수록 볼트를 조이는 작용이 커진다. 이와 같이 물체를 어느 축에서 회전시키려는 힘의 작용을 힘의 **모멘트**(moment)라고 하고, 그 크기는

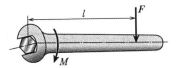

|그림| 2–4 볼트를 조이는 스패너

$$M = Fl \qquad (2 \cdot 3)$$

로 구해진다. 여기서 l을 모멘트의 **팔**(arm)이라고 한다. 볼트의 중심선에서 가까운 거리의 점에 큰 힘을 가하거나 반대로 먼 거리의 점에 작은 힘을 가해도 모멘트 값이 같다면 볼트를 조이는 작용은 동일하다.

힘의 모멘트는 물체를 회전시키려는 방향에 따라, 양(+)과 음(−) 기호를 붙인다. 일반적으로 <u>반시계 방향으로 회전시키는 모멘트를 양(+), 시계 방향으로 회전시키는 모멘트를 음(−)이라고 정의한다</u>. 힘을 N, 팔의 길이를 m으로 나타내면, 힘의 모멘트는 N·m의 단위로 측정할 수 있다.

또한, 기계 용어로서 자동차나 축을 회전시키는 모멘트를 **토크**(torque)라고 한다.

2 모멘트의 합성

그림 2–5에 나타낸 A점에 작용하는 두 힘 F_1과 F_2에 의한 O점 모멘트를 생각해보자. O점과 A점 사이의 거리를 a라고 하고, 각각의 힘과 직선 OA와의 사이 각도를 각각 θ_1, θ_2라고 하면, 각 힘의 O점에서의 모멘트의 팔은

$$l_1 = a\sin\theta_1, \ l_2 = a\sin\theta_2$$

모멘트의 크기는

$$M_1 = F_1 l_1 = F_1 a\sin\theta_1,$$
$$M_2 = F_2 l_2 = F_2 a\sin\theta_2$$

로, 그 합은

$$M_1 + M_2 = (F_1\sin\theta_1 + F_2\sin\theta_2)\,a$$
$$= Ra\sin\theta \qquad (2 \cdot 4)$$

가 된다. R은 두 힘 F_1과 F_2의 합력 R의 크기이고, θ는 이 합력과 직선 OA와의 사이 각도를 나타낸다. $l = a\sin\theta$는 힘 R

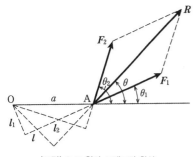

|그림| 2–5 힘의 모멘트의 합성

의 모멘트의 팔과 같으므로, 식(2ㆍ4)의 우변은 O점에서의 합력 모멘트를 주게 된다. 따라서

<u>어느 한 점에서의 두 모멘트의 합은 그 점에서의 합력 모멘트와 같다.</u>

하나의 평면 내에 작용하는 두 개 이상의 힘의 어느 한 점에서의 모멘트의 합도 마찬가지로, 그 점에서의 합력 모멘트와 같다. 이것을 **바리논*의 정리**(Varignon's theorem)라고 한다.

그림 2–6과 같이, xy평면 내의 한 점 $P(x, y)$에 힘 F가 작용할 경우, 원점에서의 모멘트는 분력 F_x와 F_y에 의한 모멘트를 대수(algebra)적으로 서로 더하면

$$M = F_y x - F_x y \qquad (2ㆍ5)$$

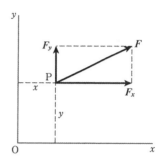

|그림| 2–6 분력에 의한 모멘트

가 된다. 이 그림의 경우, 힘 F_y에 의한 모멘트는 반시계 방향으로 돌기 때문에 양(+), F_x에 의한 모멘트는 시계 방향으로 돌아 음(−)의 값을 가지게 된다.

· 예제 2–1 ·

L형 파이프에 작용하는 모멘트

그림 2–7과 같이 L자형으로 구부러진 파이프의 끝에 200N의 힘이 작용할 때 O점에서의 모멘트는 얼마인가?

해답

그림과 같이 좌표축을 잡으면, 작용점의 위치는 $x = 25\,cm$, $y = 40\,cm$로 분력의 크기는,

$F_x = 200\cos 60° = 100N$

$F_y = 200\sin 60° = 173.2N$

이 된다. 식(2ㆍ5)에 의해,
O점에서는

$M = -F_y x - F_x y = -173.2 \times 0.25 - 100 \times 0.40 = -83.3 \ N ㆍ m$

의 시계 방향으로 모멘트가 작용한다.

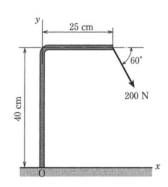

|그림| 2–7 L형 파이프에 작용하는 모멘트

---

* Varignon (1654~1722)

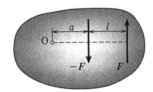

|그림| 2-8 우력 모멘트

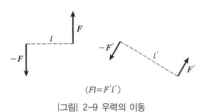

$(Fl = F'l')$

|그림| 2-9 우력의 이동

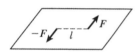

|그림| 2-10 우력의 평행이동

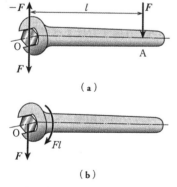

（a）

（b）

|그림| 2-11 볼트를 조이는 스패너

1 우력

크기가 같고 방향이 반대인 두 평행력은 하나의 힘으로 합성할 수 없다. 이러한 한 쌍의 힘을 **우력**(couple) 또는 **짝힘**이라고 한다. 양손으로 핸들을 돌릴 때의 힘이나 보트를 뒤집는 힘은 모두 우력이다. 그림 2-8에 나타낸 한 쌍의 우력에 의한 O점에서의 모멘트는

$$M = F(a+l) - Fa = Fl \qquad (2 \cdot 6)$$

으로 O점의 위치와 관계없이, 힘의 크기 F와 두 힘 사이의 거리 l만으로 구해진다. 이것을 우력의 모멘트라고 하고, 길이 l을 **우력의 팔**(arm)이라고 한다. 우력의 모멘트에 대해서도 일반적으로 반시계 방향을 양(+), 시계 방향을 음(−)으로 정하고 있다.

우력은 물체를 회전시킬 수 있지만 물체를 이동시킬 수는 없다. 평행한 두 힘의 크기가 변해도 힘과 팔 길이의 곱이 일정하다면, 그림 2-9와 같이 우력이 작용하는 평면상의 어느 지점으로 옮기거나 그림 2-10과 같이 하나의 평면 내뿐 아니라, 이와 평행한 다른 평면으로 옮기더라도 우력의 작용에는 변함이 없다.

2 힘의 이동과 변환

볼트를 스패너로 조이는 작용을 한 번 더 생각해 보자. 그림 2-11(a)와 같이, 볼트의 중심선과 스패너의 A점에 작용하는 힘 F와 크기가 같고 방향이 반대인 한 쌍의 평행력 F, $-F$를 더해 보자. 이 한 쌍의 힘$(F, -F)$의 합력은 제로이므로, 스패너에는 A점에 작용하는 힘 F 이외에 힘을 가한 것은 없다. 이때 A점에 작용하는 힘 F와 볼트 중심선에 작용하는 힘 $-F$에 의해 크기 Fl의 모멘트가 발생하므로 A점에 힘 F를 작용시키면 그림(b)와 같이 볼트에는 힘 F와 크기가 Fl인 모멘트를 가한 것과 동일한 효과를 얻게 된다.

이와 같이 힘 F를 l만큼 평행 이동시킬 경우, 물체에 주는 작용을 바꾸지 않으려면 이동한 점에 크기가 Fl인 모멘트를 가하면 된다는 것을 알 수 있다.

그림 2-12와 같이 반경이 R인 기어의 피치원상의 점에 힘 F가 작용할 때, 베어링에 이와 동일한 힘이 작용하면서 동시에 기어에는 크기가 FR인 모멘트의 우력이 작용하게 된다. 이 모멘트가 기어를 회전시키는 토크가 된다.

위에서 설명한 것과 반대로 힘과 모멘트를 합성해서 하나의 힘으로 변환시키는 것도 가능하다. 그림 2-13(a)와 같이 A점에 힘 F와 크기 M의 모멘트가 작용할 때, 그림(b)와 같이 힘 F와 같은 크기를 갖는 우력 $-F$, F를 물체에 작용시켜 이 우력에 의해 발생하는 모멘트가 주어진 모멘트의 크기 $M=Fl$과 같아지게 한다. 이 결과, A점에 작용하는 한 쌍의 힘 F, $-F$는 상쇄되어, A점에 주어진 힘과 모멘트는 B점에 작용하는 하나의 힘 F와 동등한 작용을 하게 된다.

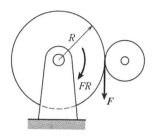

|그림| 2-12 기어에 작용하는 힘

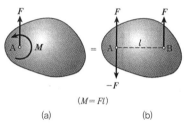

|그림| 2-13 힘과 모멘트의 변환

· 예제 2-2 ·

우력의 변환

그림 2-14(a)에 나타낸 물체에 작용하는 두 쌍의 우력을 두 점 A, B에 작용하는 한 쌍의 동일한 우력으로 바꾸시오.

풀이

주어진 두 쌍의 우력에 의한 모멘트는, 반시계 방향으로

$$200 \times 0.20 + 150 \times 0.25 = 77.5 \text{N} \cdot \text{m}$$

의 크기를 갖는다. 이것을 A, B점에 작용하는 한 쌍의 우력 F로 변환시킬 때는

$$F \times 0.50 = 77.5$$

에서 $F = 155.0 \text{N}$이 된다.

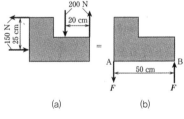

|그림| 2-14 우력의 변환

강체에 작용하는 몇 개의 힘을 합성할 경우, 그들의 합력의 크기와 방향 외에 작용선의 위치를 결정할 필요가 있다. 작용선의 위치 결정에는 다음과 같이 계산에 의한 방법과 작도에 의한 방법이 있다.

1 힘의 합성 (계산에 의한 방법)

하나의 평면 내에 작용하는 몇 개의 힘을 합성한다. 그림 2-15와 같이 좌표축을 잡고, 힘 F_i의 작용점 P_i의 좌표를 $(x_i,\ y_i)$라고 하고, 이 힘과 x축과의 사이 각도를 θ_i라고 한다.

앞 절에서 설명한 바와 같이, 물체에 작용하는 힘 F_i의 작용은 O점에서 x, y축 방향으로 작용하는 $F_i\cos\theta_i$, $F_i\sin\theta_i$의 합력과 크기가 $M_i = (F_i\sin\theta_i)x_i - (F_i\cos\theta_i)y_i$인 모멘트로 바꿀 수 있다. 그 결과, 원점 O에서는, 크기

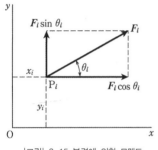

|그림| 2-15 분력에 의한 모멘트

$$R = \sqrt{\left(\sum F_i\cos\theta_i\right)^2 + \left(\sum F_i\sin\theta_i\right)^2} \qquad (2 \cdot 7)$$

으로, x축과의 사이 각도가

$$\tan\theta = \frac{\sum F_i\sin\theta_i}{\sum F_i\cos\theta_i} \qquad (2 \cdot 8)$$

의 합력과 O점에서의

$$M = Rl = \sum F_i(x_i\sin\theta_i - y_i\cos\theta_i) \qquad (2 \cdot 9)$$

의 모멘트가 작용한다. 이 식에서 l은 O점에서 작용하는 합력 R의 팔의 길이로, 그 값을 알면 합력의 작용선이 정해진다.

• 예제 2-3 •

그림 2-16에 나타낸 정삼각형의 꼭짓점에 작용하는 세 힘의 합력을 구하시오.

풀이

그림과 같이 좌표축을 잡는다. 이 경우도 다음과 같이 표로 계산하는 것이 편리하다.

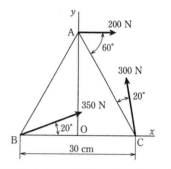

|그림| 2-16 정삼각형의 꼭짓점에 작용하는 힘

| 표 2-1 | 세 힘의 합성

i	F_i	θ_i	$F_i\cos\theta_i$	$F_i\sin\theta_i$	$(F_i\sin\theta_i)x_i-(F_i\cos\theta_i)y_i$
1(A)	200 N	0°	200 N	0 N	$0\times 0-200\times 0.26=-52$ N·m
2(B)	350 N	20°	329.0 N	119.7 N	$119.7\times(-0.15)-329.0\times 0=-18.0$ N·m
3(C)	300 N	100°	−52.2 N	295.5 N	$295.5\times 0.15-(-52.2)\times 0=44.3$ N·m
합계			476.8 N	415.2 N	$M=-25.7$ N·m

따라서 합력의 크기는

$$R=\sqrt{476.8^2+415.2^2}=632.2\text{N}$$

x축과의 사이 각도는

$$\theta=\tan^{-1}\frac{415.2}{476.8}=41°03'$$

이다.

식(2·9)에 의해 O점에서 모멘트의 팔은

$$l=\frac{M}{R}=\frac{-26}{632.2}=-0.041\text{m}$$

따라서 합력의 작용선은 O점에서 4.1cm 떨어진 위치에 있고, 정삼각형을 시계 방향으로 회전시키는 방향에 작용한다.

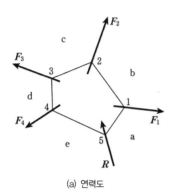

(a) 연력도

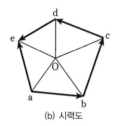

(b) 시력도

|그림| 2-17 작용점이 다른 힘의 합성

2 힘의 합성 (도해법)

그림 2-17(a)에 나타낸 바와 같이 동일 평면상에 있는 네 힘 F_1, F_2, F_3, F_4를 예로 들어 생각해 보자. 우선, 그림과 같이 네 개의 힘으로 나눠진 영역에 기호 a, b, c, … 를 붙이고, 두 영역의 경계가 되어 있는 힘 F_1, F_2, F_3, F_4를 각각 $\overrightarrow{ab}$, $\overrightarrow{bc}$, $\overrightarrow{cd}$, $\overrightarrow{de}$로 나타낸다. 이 기호를 붙이는 방법을 **바우 기호법**(Bow's notation)이라고 하며, 벡터 그림을 그릴 때 혼란을 피하기 위해 자주 사용된다. 이 경우, 그림(b)와 같이 $\overrightarrow{ab}$, $\overrightarrow{bc}$, $\overrightarrow{cd}$, $\overrightarrow{de}$를 순서대로 더한 벡터의 합 $\overrightarrow{ae}$가 합력 R의 크기와 방향을 결정하게 된다. 이와 같은 방법으로 만들어진 힘의 다각형을 **시력도**(force diagram)라고 한다.

합력의 작용선을 구하기 위해서는, 우선, 이들의 힘과 같은 평면 내에 있는 임의의 한 점 O을 정하고, 이 점과 시력도의 다각형의 각 꼭짓점을 연결한다. 이어서, 그림(a)와 같이 힘 F_1 상의 임의의 점 1에서 영역 b상의 선분 Ob로 평행선을 긋고 힘 F_2의 작용선과의 교점을 2라고 하자. 다음으로 점 2에서 영역 c상의 선분 Oc로 평행선을 그어 힘 F_3과의 교점 3을 구하고, 같은 방법으로 힘 F_4와의 교점 4를 구한다. 이렇게 구해진 점 1과 4에서 각각의 선분 Oa와 Oe에 평행한 2개의 직선을 긋고 그것과의 교점 5를 구하면 합력 R의 작용선상의 점이 된다.

그 이유는 다음과 같이 설명할 수 있다. 그림 2-17(b)에서 알 수 있듯이, F_1, F_2, F_3, F_4의 각각의 힘은, 각각 $\overrightarrow{aO}$와 $\overrightarrow{Ob}$, $\overrightarrow{bO}$와 $\overrightarrow{Oc}$, $\overrightarrow{cO}$와 $\overrightarrow{Od}$, $\overrightarrow{dO}$와 $\overrightarrow{Oe}$의 각 분력을 합성해서 얻을 수 있고, 전체의 합력 R은 이 분력들을 모두 합성해서 얻을 수 있다.

하지만, 이 분력들 중에는, $\overrightarrow{Ob}$와 $\overrightarrow{bO}$처럼 크기가 같고 방향이 반대인 힘이 있으므로, 합력 R은 남은 힘 $\overrightarrow{aO}$와 $\overrightarrow{Oe}$를 합성해서 얻어지게 된다.

이 경우, 힘 $\overrightarrow{aO}$의 작용선은 1-5, $\overrightarrow{Oe}$의 작용선은 4-5이므로, 직선 1-5와 4-5의 교점 5가 합력의 작용선상의 점이 된

다. 이와 같이 점 1, 2, 3, 4, 5를 연결하여 만든 다각형을 **연력도**(funicular diagram)라고 한다.

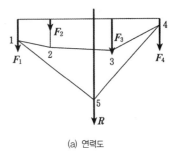

(a) 연력도

> • 예제 2-4 •
>
> **평행력의 합성**
>
> 그림 2-18(a)에 나타낸 네 개의 평행력을 합성하시오.
>
> 풀이
>
> 힘이 모두 평행할 때, 시력도는 그림(b)와 같이 각각의 힘을 모두 하나로 연결한 직선이 된다. 위와 같은 방법으로 얻어진 합력 R은 점 5를 통과하면서 네 힘의 대수합(algebraic sum)과 동일한 크기를 가지며, 이들과 평행한 힘이다.

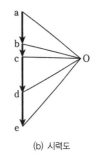

(b) 시력도

|그림| 2-18 네 평행력의 합성

3 강체의 평형

한 점에 작용하는 힘이 평형을 이루기 위해서는 그 합력의 크기가 제로(zero)면 되지만, 강체에 작용하는 힘인 경우에는 이 외에 힘에 의한 모멘트의 작용도 함께 고려해야 한다. 따라서 강체가 완전하게 평형 상태를 이루려면 이것에 작용하는 합력과 모멘트가 동시에 제로이어야 하므로

$$\sum F_i \cos\theta_i = 0, \ \sum F_i \sin\theta_i = 0$$
$$\sum F_i (x_i \sin\theta_i - y_i \cos\theta_i) = 0$$

(2 • 10)

이 성립해야 한다.

따라서 강체에 작용하는 두 힘이 평형을 이루기 위해서는 크기가 같고 방향이 반대이어야 하며 동시에, 그 작용선이 동일한 직선상에 있어야 한다. 또한, 세 힘이 평형 상태인 것은 그 합력이 제로이고 작용선이 한 점에서 교차할 때이다.

2-5 지점과 반력

1 반력

두 물체가 접촉하고 있을 때, 한쪽의 물체 A가 다른 쪽 물체 B를 누르면, **작용·반작용의 법칙(뉴턴의 제3법칙)**에 의해, A는 B로부터 같은 크기의 힘을 반대로 받게 된다. 이 반작용에 의한 힘을 **반력**(reaction force)이라고 한다.

두 물체의 접촉면이 매끄럽다면, 반력은 면에 수직인 방향으로 작용하지만, 실제로는 완전히 매끄러운 접촉면은 없고, 접촉면에 따라 마찰력이 작용하므로 반력은 면에 비스듬한 방향으로 작용한다. 마찰의 문제는 7장에서 다루기로 하고 이 절에서는 마찰이 없는 매끈한 접촉면에 작용하는 반력에 대해서만 생각해 보자. 윤활이 충분한 면이나 핀에 커다란 힘이 작용하는 평형의 문제 등에서는 이 가정을 토대로 얻어진 계산 결과가 충분한 실용성을 가질 수 있다.

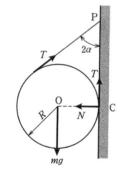

|그림| 2-19 벽에 접촉하면서 매달린 원통

• 예제 2-5 •

벽에 접촉하면서 매달린 원통

그림 2-19와 같이 질량이 m, 반경이 R인 원통이 매끈한 벽에 접촉하면서 두 개의 로프로 매달려 있다. 벽의 반력과 로프에 작용하는 장력은 얼마인가? 로프의 각도 2α가 변하면, 힘의 크기는 어떻게 되는가?

풀 이

원통에 작용하는 중력 mg와 벽의 반력 N, 그리고 두 로프에 작용하는 장력 T는 서로 평형 상태를 이룬다. 따라서

$$T\sin2\alpha = N, \quad T + T\cos2\alpha = mg \tag{a}$$

이고, 원통의 반경에는 관계없이

$$T = \frac{mg}{1 + \cos2\alpha} = \frac{mg}{2\cos^2\alpha}$$

$$N = \frac{\sin2\alpha}{1 + \cos2\alpha}mg = mg\tan\alpha \tag{b}$$

가 된다. 로프가 길어서 각도 2α가 작아지면 반력도 작아져서 T는 (1/2)로 되지만, 로프가 짧아져서 각도가 커지면 이들의 힘은 끝없이 증가한다는 점에 주의해야 한다.

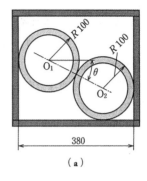

(a)

• 예제 2-6 •

상자에 담긴 두 개의 파이프

외경이 20cm, 질량이 40kg인 매끄러운 파이프 두 개를 그림 2-20(a)와 같이 안쪽 폭이 38cm인 상자 속에 넣었다. 각 접촉선에서 작용하는 힘은 얼마인가?

풀이

그림(b)와 같이, 각 접촉선에 작용하는 반력을, 각각 N_1, N_2, N_3, N_4 라고 하고, 두 파이프의 중심을 연결하는 직선과 수평면과의 사이 각도를 θ라고 하면, 각각의 파이프에 작용하는 힘의 평형에 의해

$$N_1 - N_2\cos\theta = 0, N_2\sin\theta - 40\times 9.81 = 0$$
$$N_2\cos\theta - N_4 = 0, N_3 - N_2\sin\theta - 40\times 9.81 = 0$$

이 경우

$$\cos\theta = \frac{380 - 2\times 100}{2\times 100} = 0.90, \theta = 25° 51'$$

이므로, 위 식을 풀면

$$N_1 = N_4 = 895\cos 25° 51' = 805.5\text{N}$$
$$N_2 = \frac{40\times 9.81}{\sin 25° 51'} = 900.0\text{N}$$
$$N_3 = 2\times 40\times 9.81 = 784.8\text{N}$$

이 된다.

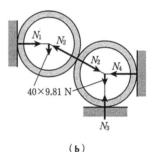

(b)

|그림| 2-20 상자에 담긴 파이프

2 지점

물체를 지지하고 그 운동을 구속하는 지점에는 보통 그림 2-21에 나타낸 바와 같이 세 가지가 있다. 그림(a)와 같이, 일정한 방향으로 이동 가능한 지점을 **이동지점**이라고 하는데, 이 경우, 반력 R은 면에 수직인 방향을 향하고 있다. 그림(b)와 같이, 회전만 자유로운 것을 **회전지점**이라고 하며 반력은 지점의 중심을 지나 면에 비스듬한 방향을 향하고 있다. 이에 비해 그림(c)와 같이, 이동이나 회전을 할 수 없는 지점을 **고정지점**이라 하는데 이 경우에는 반력뿐만 아니라 모멘트 M의 반작용도 발생한다.

(a) 이동지점 　　(b) 회전지점

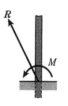

(c) 고정지점

|그림| 2-21 지점의 종류

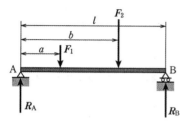

|그림| 2-22 보의 반력

· 예제 2-7 ·

보(beam)의 반력

그림 2-22에 나타낸 바와 같이, 양단에서 지지되고 있는 보에 크기가 F_1과 F_2인 두 힘이 작용한다. 보에 작용하는 중력(자중)을 무시할 때 두 지점에 작용하는 반력을 구하시오.

풀이

두 지점에 작용하는 반력의 크기를 각각 R_A, R_B라고 하면 연직방향의 힘의 평형과, A점에서의 모멘트의 평형에 의해

$$R_A + R_B = F_1 + F_2, \quad R_B l = F_1 a + F_2 b \tag{a}$$

이 식을 풀면, 각 지점의 반력은 다음과 같이 구해진다.

$$\left. \begin{array}{l} R_A = \dfrac{1}{l}[(l-a)F_1 + (l-b)F_2] \\ R_B = \dfrac{1}{l}(aF_1 + bF_2) \end{array} \right\} \tag{b}$$

· 예제 2-8 ·

로프로 지탱하는 보

그림 2-23과 같이, 한쪽 끝 A에서 회전지지된 가벼운 보에 다른 쪽 끝 B를 로프로 매달아 수평으로 지탱하고 있다. 이 보의 C점에 질량이 m인 물체를 매달면, 로프와 지점에 어느 정도의 힘이 작용하는가?

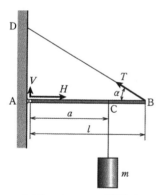

|그림| 2-23 로프로 지탱하는 보

풀이

로프의 장력을 T라고 하고, 지점에 작용하는 반력의 수평성분과 연직성분을 각각 H, V라고 하면, 보에 작용하는 힘의 평형에서

$$\left. \begin{array}{l} H = T\cos\alpha \\ V + T\sin\alpha = mg \end{array} \right\} \tag{a}$$

또한, 지점에서 모멘트의 평형으로

$$Tl\sin\alpha = mga \tag{b}$$

로, 여기서 바로

$$T = \dfrac{a}{l\sin\alpha}mg \tag{c}$$

가 구해진다. 지점에 작용하는 반력의 성분은, 식(a)에 의해

$$H = \dfrac{a}{l\tan\alpha}mg, \quad V = \left(1 - \dfrac{a}{l}\right)mg \tag{d}$$

따라서 그 크기는

$$R = \sqrt{H^2 + V^2} = \sqrt{\left(1 - \frac{a}{l}\right)^2 + \left(\frac{a}{l}\cot\alpha\right)^2}\,mg \qquad (e)$$

가 된다.

• 예제 2-9 •

스프링으로 지탱되는 드럼

그림 2-24와 같이, 회전을 스프링으로 지탱하고 있는 드럼 (반경 $R = 15\text{cm}$)에 고정된 가벼운 수평봉(길이 $l = 15\text{cm}$)의 끝에 질량이 $m = 10\text{kg}$인 물체를 매달면, 이 수평봉은 어느 위치에서 평형 상태가 될까? 이 스프링을 1m만큼 늘리는 데 필요한 힘(스프링 상수)을 $k = 6\,\text{kN/m}$으로 하고 물체를 매달았을 때 드럼의 회전각을 구하시오.

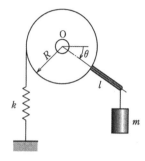

|그림| 2-24 스프링으로 지탱되는 드럼

풀이

드럼의 회전각을 θ라고 하면, 스프링의 신장은 $R\theta$로, 스프링의 변형에 의해 $kR\theta$의 복원력이 발생한다. 드럼에 작용하는 이 복원력의 모멘트인 $kR\theta \cdot R$과 수평봉 끝의 물체에 작용하는 중력에 의한 모멘트 $mg(l+R)\cos\theta$의 평형으로

$$kR^2\theta = mg(l+R)\cos\theta \qquad (a)$$

가 구해진다. 이 식을 변형한 후, 문제에 주어진 값을 넣으면

$$\frac{1}{\theta}\cos\theta = \frac{kR^2}{mg(l+R)} = \frac{6000 \times 0.15^2}{10 \times 9.81 \times 0.30} = 4.59 \qquad (b)$$

이 식은 θ의 초월방정식이므로 수치계산을 해야만 θ 값을 구할 수 있다. 또는, 그림 2-25와 같이, 함수 $f(\theta) = (1/\theta)\cos\theta$의 곡선을 그려서 $f(\theta) = 4.59$가 되는 θ의 값(그림에서 P점)을 그래프에서 읽으면 $\theta = 12°$를 구할 수 있다.

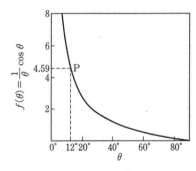

|그림| 2-25 $f(\theta) = \dfrac{1}{\theta}\theta$ 곡선

2-6 트러스

철탑, 크레인, 교량 같은 구조물은 많은 막대 모양의 **부재** (member)를 조립해서 만든다. 이러한 구조물을 **골조 구조** (framework)라고 한다. 그 중에서, 각 부재가 핀으로 결합 되

어 있는 것을 **트러스**(truss)라고 하고, 각 결합점을 **절점**(joint)
이라고 한다.

매끄러운 핀의 결합에는 회전에 대한 저항력이 작용하지 않
기 때문에 부재가 절점에 미치는 힘은 모멘트가 없어서 핀의
중심을 통과한다. 따라서 반대로 각 부재가 절점으로부터 받는
힘도 이와 마찬가지로 핀의 중심을 통과한다.

부재에 외력이 작용하지 않을 때는, 부재 양 끝의 절점에
작용하는 힘이 평형을 이루고 있기 때문에 이 두 힘은 양 끝
의 핀의 중심과 중심을 연결하는 직선에서 작용선이 형성되고
크기가 같으며, 방향이 반대인 한 쌍의 **내력**(internal force)
이 된다. 이렇게 트러스의 모든 부재에는 각 절점을 통해 인
장력(당기는 힘)이나 압축력(누르는 힘)이 작용한다. 인장
력을 받는 부재를 인장재, 압축력을 받는 부재를 압축재라고
한다.

부재에는 모든 질량에 비례하는 중력이 작용하지만, 일반적
으로 중력은 부재에 작용하는 힘에 비해 작기 때문에, 여기서는
고려하지 않는다.

트러스의 각 부재에 작용하는 힘을 구하기 위해 다음과 같은
세 가지 방법이 주로 사용된다.

1 절점법

절점법은 우선 트러스에 작용하는 외력과 반력을 구하고, 이
어서 각 절점마다 힘의 평형식을 풀어서 각각의 부재에 작용하
는 힘을 구하는 방법이다. 하나의 절점에 세 개 이상의 미지력
(미지의 힘)이 작용하는 경우에는, 이 방법으로 그 힘을 구할
수가 없다. 이때는 미지력이 두 개 이하인 해법이 가능한 절점
부터 풀기 시작하여, 부재에 작용하는 힘을 순차적으로 계산해
나가는 것이 좋다. 각 절점에서 힘의 평형식을 풀 때, 부재에
작용하는 힘의 방향을 모르면 부재에 모두 인장력이 작용한다
고 가정하고, 힘의 값이 음(−)이 되었을 때 부재에 압축력이 작
용한다고 생각하면 된다.

이 방법으로, 다음의 문제를 풀어보자.

• 예제 2-10 •

편지식 트러스(cantilevered truss)

그림 2-26에 나타낸 바와 같이, 한쪽에만 고정된 편지식 트러스의 지점에 작용하는 반력과 각 부재에서 발생한 내력을 구하시오.

풀이

고정 지점 A에는, 수평과 연직방향의 반력 X_A, Y_A가 작용하지만, 이동 지점 B에는 수평반력 X_B만 작용한다. 우선, 트러스에 작용하는 하중과 지점반력의 평형에 의해 $X_A = -X_B$, $Y_A = 4.0$kN이고 A점에서는 모멘트의 평형으로부터 $X_B = 2.0 \times 1 + 2.0 \times 2 = 6.0$kN을 구할 수 있다.

트러스의 각 부재에 작용하는 힘을 구하기 위해, 각 절점에 작용하는 외력과 부재 내력[그림 (b) 참조]의 평형식을 각 절점마다 나열하면,

절점 A:

$$F_{AC} + F_{AD}\cos\alpha - 6.0 = 0$$
$$-F_{AB} - F_{AD}\sin\alpha + 4.0 = 0$$

절점 B:

$$F_{BD}\cos\alpha + 6.0 = 0, \; F_{AB} + F_{BD}\sin\alpha = 0$$

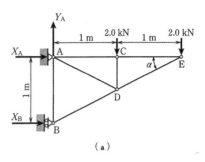

(a)

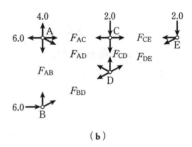

(b)

|그림| 2-26 편지식 트러스

절점 C:

$$-F_{AC} + F_{CE} = 0, \; -F_{CD} - 2.0 = 0$$

절점 D:

$$-F_{AD}\cos\alpha - F_{BD}\cos\alpha + F_{DE}\cos\alpha = 0$$
$$F_{AD}\sin\alpha - F_{BD}\sin\alpha + F_{CD} + F_{DE}\cos\alpha = 0$$

절점 E:

$$-F_{CE} - F_{DE}\cos\alpha = 0, \; -F_{DE}\sin\alpha - 2.0 = 0$$

여기서,

$$\alpha = \tan^{-1}(1/2) = 27°$$

이고, $\cos\alpha = 2/\sqrt{5}$, $\sin\alpha = 1/\sqrt{5}$ 이다. 이들 식에서 미지력을 순차적으로 풀면 각 부재의 내력이 결정된다. 따라서

$$F_{AB} = 6.0\tan\alpha = 3.0\text{kN}$$

$$F_{AC} = F_{CE} = \frac{2.0}{\tan\alpha} = 4.0\text{kN}$$

$$F_{AD} = \frac{6.0}{\cos\alpha} - \frac{2.0}{\sin\alpha} = 2.24\text{kN}$$

$$F_{BD} = -\frac{6.0}{\cos\alpha} = -6.71\text{kN}$$

$$F_{CD} = -2.0\text{kN}, \ F_{DE} = -\frac{2.0}{\sin\alpha} = -4.47\text{kN}$$

이 되어, 위쪽과 기반부의 부재 AB, AC, CE와 내부의 AD에는 인장력이 작용하고, 아래쪽의 부재 BD, DE와 연직부재 CD에는 압축력이 작용한다.

이 계산에서 알 수 있듯이, 트러스의 부재에 작용하는 중력을 고려하지 않는다면 지점에 작용하는 반력이나 부재의 내력은 부재의 길이와 상관이 없다.

2 단면법

트러스의 어느 특정 부재에 작용하는 힘만 구할 때는 단면법을 사용하는 것이 간단하다. 이 방법은 각 절점에서 힘의 평형식을 하나하나 풀어가는 것이 아니라 구하려는 부재를 절단할 가상면을 생각하고, 이 단면에 작용하는 부재의 힘을 트러스에 작용하는 힘의 평형 문제로 푸는 방법이다. 트러스를 절단할 때는 미지의 힘이 세 개 이하여야 한다.

• 예제 2-11 •

지붕 트러스

그림 2-27에 나타낸 바와 같이, 대칭인 지붕 트러스의 부재 DE에 작용하는 힘을 구하시오.

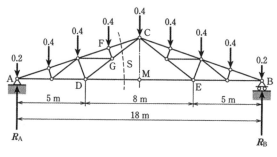

|그림| 2-27 지붕 트러스

풀이

그림에 나타낸 바와 같이 가상면 S에서 세 개의 부재를 절단한 것이라고 생각하고, 이 절단면에서 좌단까지의 트러스 평형을 생각한다. 중앙의 부재 DE에 작용하는 힘만 구할 때에는 절점 C에서 모멘트의 평형만 생각하면 충분하다. 이 경우, 양 지점에 작용하는 반력의 크기는

$$R_A = R_B = \frac{1}{2}(2 \times 0.2 + 7 \times 0.4) = 1.6 \text{kN}$$

절점 C의 높이는 $\overline{\text{CM}} = \sqrt{5^2 - 4^2} = 3\text{m}$로, 부재 CF, CG에 작용하는 힘은 C점에 대해 모멘트가 없으므로

$$F_{DE} \times 3 - (1.6 - 0.2) \times 9 + 0.4 \times \frac{3}{4} \times 9 + 0.4 \times \frac{2}{4} \times 9 + 0.4 \times \frac{1}{4} \times 9 = 0$$

의 관계가 있다. 이것으로부터

$$F_{DE} = 2.4 \text{kN}$$

이 얻어진다.

3 도해법

트러스의 부재에 작용하는 힘을 구하기 위해 **크레모나***의 도해법(Cremona graphical method)이 자주 사용된다. 이것은 트러스의 각 절점에 작용하는 힘이 모두 평형 상태이고, 그 시력도가 닫히는 것을 이용해 미지의 부재력을 순차적으로 구하는 방법이다. 시력도를 그릴 때는 미지의 힘이 두 개밖에 없는 절점에서 시작해야 한다.

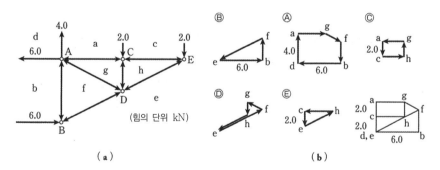

|그림| 2-28 편지식 트러스의 도해법

예제 2-10의 트러스에 대해 도해법을 사용하여 한 번 더 부재에 작용하는 힘을 구해 보자.

우선, 2 • 4절에서 설명한 바우 기호법에 의해 그림 2-28(a)와 같이, 반력을 포함한 외력의 작용선과 트러스의 부재에 의해 나눠진 영역에 기호 a, b, …를 붙인다. 이 경우, 벡터 $\overrightarrow{ac}$, $\overrightarrow{ce}$

* Luigi Cremona (1830~1903)

는 트러스에 작용하는 외력, 벡터 $\vec{bd}$, $\vec{da}$ 및 $\vec{eb}$는 각각 지점 A, B에서의 반력을 나타낸다. 각 부재 내력에 대해서도 이것과 같은 방법으로 나타낸다. 이어서 각 절점에 작용하는 힘의 평형에 따라 그림(b)에 나타낸 시력도를 순서대로 그려 나가면 되지만 이 경우, 절점 A에는 세 개의 미지력이 작용하고 있으므로 절점 B부터 시작한다. 각 절점의 힘을 시력도에 나타낼 때, 절점을 중심으로 하여 시계 방향 또는 반시계 방향 중 하나를 정해 일정한 방향에 따라 그리는 것이 좋다.

절점 B의 경우, 그림(b)와 같이 우선 알고 있는 반력을 힘의 벡터 $\vec{eb}$로 그린 다음, 시계 방향으로 부재 AB에 작용하는 힘의 벡터 $\vec{bf}$와 부재 BD에 작용하는 힘의 벡터 $\vec{fe}$로 시력도가 닫히도록 그린다. 부재 AB와 BD에 작용하는 내력의 크기는 힘의 단위 길이를 사용해서 측정할 수 있다.

마찬가지로 구해진 부재의 내력을 순서대로 사용하면서 다른 절점의 시력도를 만들어 가면 된다. 그 결과를 우측 하단의 그림과 같이 하나로 정리해서 그려 놓으면, 트러스 전체의 평형을 확실하게 이해할 수 있어서 편리하다. 또한, 그림 (a)와 같이, 미리 힘의 방향을 표시한 화살표를 그려 놓으면, 부재에 작용하는 힘이 인장력인지, 압축력인지를 쉽게 판단할 수 있다.

연습 문제

풀이와 해답|p.208~209

2-1 그림 (a), (b)에 나타낸 평행력의 합력의 크기와 작용점의 위치를 구하시오.

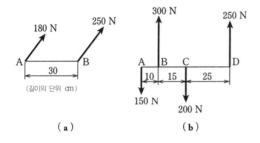

(a)   (b)

2-2 다음 그림에 나타낸 네 힘의 합력을 구하시오.

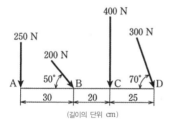

2-3 다음 그림에 나타낸 구부러진 보의 끝에 크기가 800N인 힘이 연직방향으로 작용할 때, 보의 기반부에 걸리는 모멘트는 얼마인가? 이 힘이 연직선과 45° 방향으로 바깥쪽을 향해 작용할 때는 어떠한가?

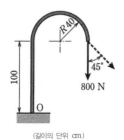

(길이의 단위 cm)

2-4 한 변의 길이가 a인 정사각형의 꼭짓점에 다음 그림과 같이 변과 45° 방향으로 힘 F가 작용할 때 정사각형 중심에서의 모멘트는 얼마인가?

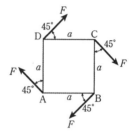

2-5 질량이 50kg인 두 개의 매끄러운 파이프를 다음 그림과 같이 벽과 경사면에서 지지할 때, 각 접촉선에 작용하는 반력은 얼마인가?

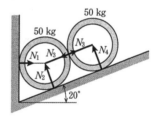

2-6 다음 그림에 나타낸 단순보에서 각 지점의 반력은 얼마인가?

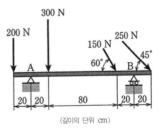

(길이의 단위 cm)

2장 연습 문제   43

2-7 다음 그림에 나타낸 크레인에서 질량이 3ton인 물체를 매달아 올릴 때, 로프에 얼마의 장력이 작용하는가? 이때 A지점의 반력은 얼마인가?

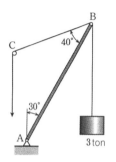

2-9 다음 그림에 나타낸 반경이 R인 수레바퀴에 크기가 W인 연직력이 작용하고 있다. 이 수레바퀴가 높이 h의 장애물을 넘어가기 위해서는 어느 정도의 수평력이 필요한가?

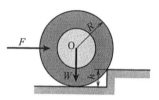

2-8 질량이 m인 물체를 매달고 있는 드럼에 수평봉이 고정되어 있다. 이 수평봉의 끝에 다음 그림과 같이 질량이 m'인 다른 물체를 매달면 드럼은 어느 위치에서 평형 상태를 이루게 될까?

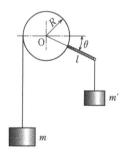

2-10 다음 그림 (a), (b)에 나타낸 트러스의 지점에 작용하는 반력과 각 부재의 내력을 구하시오.

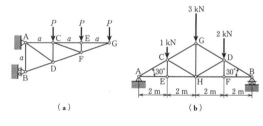

제3장 무게 중심과 분포력

3-1 ▶ 무게 중심

1 무게 중심

물체를 몇 개의 작은 부분으로 나눠서 생각하면, 그 각 부분마다 질량에 비례하는 중력이 연직방향으로 작용한다. 이들 합력의 작용점 G는 물체의 자세를 여러 형태로 바꿔도 그 물체에 대해 일정한 점으로, 이것을 **무게 중심**(center of gravity)이라고 한다. 물체의 평형이나 운동을 분석하기 위해서는 미리 그 무게 중심의 위치를 알아 두는 것이 필요하다.

물체의 각 부분에 작용하는 중력을 $w_1, w_2, \cdots$ 라고 하고, 전체 중력을 W라고 하면

$$W = w_1 + w_2 + \cdots = \sum w_i \qquad (3 \cdot 1)$$

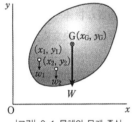

|그림| 3-1 물체의 무게 중심

그림 3-1과 같이, 수평과 연직방향에 직교좌표축을 잡고 각 부분의 위치를 (x_1, y_1), (x_2, y_2), $\cdots$, 무게 중심의 위치를 (x_G, y_G)로 나타내면, 각 분력의 모멘트의 합이 합력의 모멘트와 같다는 점에서, 원점 O에서의 모멘트는

$$W_{xG} = w_1 x_1 + w_2 x_2 + \cdots = \sum w_i x_i$$

가 된다. 그리고 이에 따라

$$x_G = \frac{1}{W}(w_1 x_1 + w_2 x_2 + \cdots) = \frac{1}{W}\sum w_i x_i \quad (3 \cdot 2)$$

또한, 수평방향에 y축, 연직방향에 x축을 잡고 생각하면 이와 마찬가지로

$$y_G = \frac{1}{W}(w_1 y_1 + w_2 y_2 + \cdots = \frac{1}{W}\sum w_i y_i \quad (3 \cdot 3)$$

이 얻어진다.

밀도가 일정한 물체에서는, 중력은 부피에 비례하므로, 각 부분의 부피를 $v_1, v_2, \cdots$, 전체의 부피를 V라고 하고,

$$x_G = \frac{1}{V}(v_1 x_1 + v_2 x_2 + \cdots = \frac{1}{V}\sum v_i x_i$$
$$y_G = \frac{1}{V}(v_1 x_1 + v_2 y_2 + \cdots = \frac{1}{V}\sum v_i y_i$$

(3 • 4)

가 된다. 연속한 물체에서는, 이것을 작은 부피 dV로 세분하고 그 극한값을 잡아

$$x_G = \frac{1}{V}\int x\,dV, \ \ y_G = \frac{1}{V}\int y\,dV$$

(3 • 5)

로 나타낼 수 있다.

두께와 밀도가 일정한 평면판에서는, 중력은 면적에 비례하므로 각 부분의 미소면적을 dS, 전체면적을 S라고 하고

$$x_G = \frac{1}{S}\int x\,dS, \ \ y_G = \frac{1}{S}\int y\,dS$$

(3 • 6)

단면과 밀도가 일정한 가는 봉에서는, 면적을 길이 L로 바꾸면

$$x_G = \frac{1}{L}\int x\,dL, \ \ y_G = \frac{1}{L}\int y\,dL$$

(3 • 7)

이 된다.

균질한 물체에서는, 재료에 상관없이 무게 중심의 위치는 순전히 물체의 기하학적인 형상만으로 결정된다. 이와 같은 점을 **도심(centroid)**이라고 한다.

2 무게 중심의 계산 예

간단한 형상의 물체는 번거로운 계산을 하지 않아도, 매우 간단하게 무게 중심의 위치를 구할 수 있다. 균질한 물체가 기하학적인 대칭축을 가지는 경우, 무게 중심은 그 축에 있고, 두 개의 대칭축을 가지는 경우에는 그 교점이 무게 중심이 된다. 또한, 물체가 중력의 크기와 무게 중심의 위치를 알 수 있는 몇 부분으로 나눠져 있을 때는, 각 부분에 작용하는 중력의 합력의 작용선을 구하면 무게 중심의 위치가 결정된다.

다음에 무게 중심의 위치를 구하는 간단한 계산 예를 들어 보자.

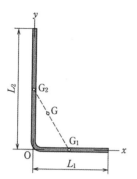

|그림| 3-2 L자형의 가는 봉

• 예제 3-1 •

L자형의 가는 봉

그림 3-2에 나타낸 바와 같이 L자 모양으로 구부러진 가는 봉의 무게 중심의 위치를 구하시오.

풀이

수평 부분의 무게 중심 G_1과 연직 부분의 무게 중심 G_2를 잇는 직선상의 부분 G_1G_2를 각각의 부분에 작용하는 중력의 역비(길이의 역비) L_2/L_1으로 나누어진 위치에 있다.

또는, 이 그림과 같이 직교좌표축을 잡으면, 각 부분에 작용하는 중력은 각각의 길이 L_1, L_2에 비례하고, 그 무게 중심은
$(x_1, y_1)=(L_1/2.0)$, $(x_2, y_2)=(0, L_2/2)$에 있으므로, 전체의 무게 중심 위치는,

$$\left.\begin{array}{l} x_G = \dfrac{1}{L_1+L_2}\left(\dfrac{L_1}{2}\times L_1 +0\right) = \dfrac{L_1^2}{2(L_1+L_2)} \\[3mm] y_G = \dfrac{1}{L_1+L_2}\left(0+\dfrac{L_2}{2}\times L_2\right) = \dfrac{L_2^2}{2(L_1+L_2)} \end{array}\right\} \quad (a)$$

이 된다.

• 예제 3-2 •

구멍이 뚫린 직사각형 판

그림 3-3과 같이 구멍이 뚫린 직사각형 판의 무게 중심은 어디에 있는가?

풀이

그림과 같이 좌표축을 잡으면 직사각형 판은 y축에 대해 대칭이고 무게 중심은 그 축에 있다. 이 경우, 구멍의 중심 O'에는 뚫린 면적에 비례하는 힘이 중력과 반대 방향으로 작용한다고 생각할 수 있으므로, $S_1 = 20\times 30$, $S_2 = -6^2\pi\,(\text{cm}^2)$로 해서

$$y_G = \frac{S_1 y_1 + S_2 y_2}{S_1 + S_2}$$
$$= \frac{600\times 15 - 36\pi\times 20}{600 - 36\pi} = 13{\cdot}8\text{cm}$$

로, 무게 중심 G는 구멍의 둘레 부근에 있다.

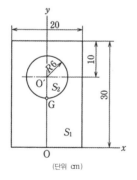

|그림| 3-3 구멍이 뚫린 직사각형 판

· 예제 3-3 ·

원호

반경 R, 중심각이 α인 원호의 중심은 어디에 있는가? 반원호의 경우는 어디인가?

풀이

원호의 중심 O을 원점으로 하고, 그림 3-4와 같이 좌표축을 잡는다. x축과 θ의 각도에 있는, 길이가 $Rd\theta$인 작은 원호의 x좌표는 $x = R\cos\theta$이므로, 식(3 · 7)에 의해

$$x_G = \frac{1}{\alpha R} \int_{-\alpha/2}^{\alpha/2} x R d\theta = \frac{R}{\alpha} \int_{-\alpha/2}^{\alpha/2} \cos\theta\, d\theta = \frac{2R}{\alpha} \sin\frac{\alpha}{2} \qquad \text{(a)}$$

가 된다. 반원호의 경우 $(\alpha = \pi)$는

$$x_G = \frac{2R}{\pi} = 0.637R \qquad \text{(b)}$$

이다.

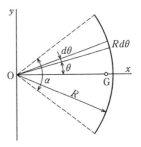

|그림| 3-4 원호

· 예제 3-4 ·

부채꼴 판

그림 3-5(a)에 나타낸 바와 같이 반경이 R, 중심각이 α인 부채꼴 판에서 무게 중심의 위치를 구하시오, 반원판의 경우는 무게 중심이 어디에 있는가? 또한, 그림(b)에 나타낸 바와 같이 바깥쪽 반경이 R, 안쪽 반경이 r인 부채꼴 판의 경우는 어떠한가?

풀이

그림(a)와 같이 좌표축을 잡고, x축과 θ의 각도를 갖는 위치에 중심각이 $d\theta$인 작은 부채꼴 판을 생각해 보자. 이 작은 부채꼴의 면적은 $dS = (1/2)R^2 d\theta$이고, 이것을 이등변삼각형이라고 생각하면, 그 무게 중심은 중심 O에서 $2R/3$의 위치에 있으므로, 부채꼴 판 전체의 무게 중심은, 식(3 · 6)에 의해

$$x_G = \frac{1}{\frac{1}{2}R^2\alpha} \int_{-\alpha/2}^{\alpha/2} \frac{2}{3}R\cos\theta \cdot \frac{1}{2}R^2 d\theta \qquad \text{(a)}$$

$$= \frac{2R}{3\alpha} \cdot 2 \int_0^{\alpha/2} \cos\theta\, d\theta = \frac{4R}{3\alpha} \sin\frac{\alpha}{2}$$

반원호의 경우 $(\alpha = \pi)$는

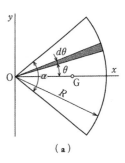

(a)

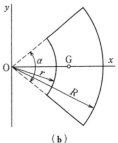

(b)

|그림| 3-5 부채꼴 판

$$x_G = \frac{4R}{3\pi} = 0.425R \tag{b}$$

이 된다.

예제 3-2와 같이, 그림(b)의 부채꼴 판에는, $x = (4r/3\alpha)\sin(\alpha/2)$의 위치에 면적 $S = (1/2)r^2\alpha$에 비례하는 음$(-)$의 중력이 작용한다고 생각할 수 있으므로

$$x_G = \frac{1}{\frac{1}{2}(R^2 - r^2)\alpha}\left(\frac{1}{2}R^2\alpha \cdot \frac{4R}{3\alpha} - \frac{1}{2}r^2\alpha \cdot \frac{4r}{3\alpha}\right)\sin\frac{\alpha}{2}$$

$$= \frac{4}{3\alpha}\frac{R^2 + Rr + r^2}{R + r}\sin\frac{\alpha}{2} \tag{c}$$

가 된다. 특히 $r = 0$일 때는 식(a)와 일치하고, $r \to R$일 때는, 예제 3-3에서 원호의 무게 중심을 나타내는 식(a)와 일치한다.

· 예제 3-5 ·

원뿔

그림 3-6에 나타낸 밑면의 반경이 R, 높이가 h인 원뿔의 무게 중심의 위치를 구하시오.

풀 이

그림과 같이 꼭짓점을 원점으로 잡고, 중심축을 x축으로 잡는다. 꼭짓점에서 x의 거리에 있는 축에 직각인 반경 $r = Rx/h$, 두께 dx의 얇은 원판의 부피는 $dV = \pi(Rx/k)^2dx$이므로, 식(3 · 5)에 의해

$$x_G = \frac{\displaystyle\int_0^h x\pi(Rx/h)^2 dx}{\displaystyle\int_0^h \pi(Rx/h)^2 dx}$$

$$= \frac{\displaystyle\int_0^h x^3 dx}{\displaystyle\int_0^h x^2 dx} = \frac{3}{4}h \tag{a}$$

로, 무게 중심은 밑면에서 원뿔의 높이 1/4의 중심축에 있다.

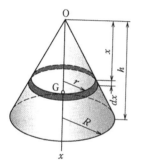

|그림| 3-6 원뿔

3 파푸스의 정리

무게 중심의 위치를 이용해 회전체의 표면적과 부피를 계산하기 편리한 다음과 같은 정리가 있다. 먼저, 그림 3–7과 같이, 길이 L의 곡선 C가 x축을 중심으로 회전해서 생기는 곡면의 표면적을 구해보자. 이 곡선상의 미소선분 dL에 의해 생긴 곡면의 표면적이 $2\pi y dL$이므로, 전체의 표면적은

$$S = \int_C 2\pi y dL = 2\pi \int_C y dL \qquad (3 \cdot 8)$$

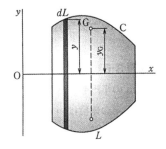

|그림| 3–7 회전면의 표면적

이다. xy 평면 내의 곡선 C의 무게 중심의 y좌표를 y_G라고 하면, 식(3 • 7)에 의해,

$$\int_C y dL = y_G L$$

의 관계가 있으므로, 표면적은

$$S = 2\pi y_G L \qquad (3 \cdot 9)$$

이라고 쓸 수 있다.

다음으로, 그림 3–8에 나타낸 폐영역 S가 x축을 중심으로 회전하여 생기는 회전체를 생각해 보자. x축에서 y의 거리에 있는 미소면적 dS에 의한 회전체의 부피는 $2\pi y dS$이므로, 전체 부피는

$$V = \int_S 2\pi y dS = 2\pi \int_S y dS \qquad (3 \cdot 10)$$

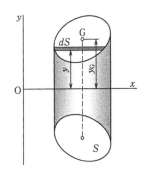

|그림| 3–8 회전체의 체적

이다. 이 폐곡선에 둘러싸인 영역의 무게 중심의 y좌표를 y_G라고 하면, 식(3 • 6)에 의해,

$$\int_S y dS = y_G S$$

의 관계에 있으므로, 회전체의 부피는

$$V = 2\pi y_G S \qquad (3 \cdot 11)$$

가 된다. 이상의 내용을 정리하면 다음과 같다.

　평면곡선이 어떤 축을 중심으로 회전해서 생기는 곡면의 표면적은 곡선의 길이와 그 곡선의 무게 중심이 축을 중심으로 회전해서 생기는 원주의 길이를 곱한 것과 같고, 폐곡선이 어떤 축을 중심으로 회전해서 생기는 회전체의 부피는 폐곡선에 둘러싸인 면적과 그 무게 중심이 축을 중심으로 회전해서 생기는 원주의 길이를 곱한 것과 같다.

　이것을 **파푸스***의 **정리**(Pappus' theorem)라고 한다.

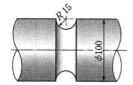

|그림| 3-9 강철 축에 가공된 홈

· 예제 3-6 ·

축의 절삭면

직경이 10cm인 강철 축을 절삭하여, 그림 3-9와 같이 반경 15mm의 반원형의 홈을 가공하였다.

(1) 홈의 표면적은 얼마인가?
(2) 절삭하여 제거된 홈의 체적은 얼마인가?

풀이

홈의 반원주의 길이는

$$L = \pi \times 1.5 = 4.7 \text{cm}$$

이고, 그 무게 중심은 축의 중심선에서

$$y_G = 5.0 - \frac{2}{\pi} \times 1.5 = 4.0 \text{cm}$$

의 위치에 있다(예제 3-3 참조). 따라서 홈의 표면적은

$$S = 2\pi \times 4.0 \times 4.7 = 118.1 \text{cm}^2 \text{이 된다.}$$

(2) 반원의 면적은,

$$S = \frac{1}{2} \times \pi \times 1.5^2 = 3.5 \text{cm}^2$$

으로, 무게 중심은 축의 중심에서

$$y_G = 5.0 - \frac{4}{3\pi} \times 1.5 = 4.4 \text{cm}$$

에 있으므로(예제 3-4), 홈의 체적은

$$V = 2\pi \times 4.4 \times 3.5 = 96.7 \text{cm}^3$$

가 된다.

---

* Pappus (320년경)

4 간단한 모양을 한 물체의 무게 중심

실제 응용에 자주 나오는 균질한 물체에 대한 무게 중심의 위치를 표 3-1에 정리하였다.

| 표 3-1 | 간단한 모양을 한 물체의 무게 중심

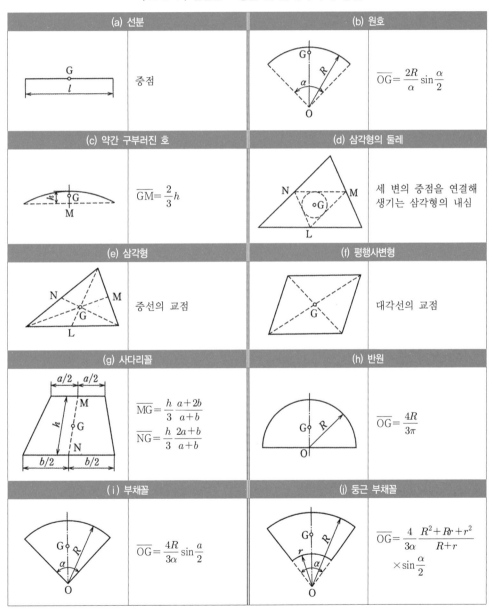

(a) 선분		(b) 원호	
	중점		$\overline{OG} = \dfrac{2R}{\alpha} \sin\dfrac{\alpha}{2}$
(c) 약간 구부러진 호		(d) 삼각형의 둘레	
	$\overline{GM} = \dfrac{2}{3}h$		세 변의 중점을 연결해 생기는 삼각형의 내심
(e) 삼각형		(f) 평행사변형	
	중선의 교점		대각선의 교점
(g) 사다리꼴		(h) 반원	
	$\overline{MG} = \dfrac{h}{3}\dfrac{a+2b}{a+b}$ $\overline{NG} = \dfrac{h}{3}\dfrac{2a+b}{a+b}$		$\overline{OG} = \dfrac{4R}{3\pi}$
(i) 부채꼴		(j) 둥근 부채꼴	
	$\overline{OG} = \dfrac{4R}{3\alpha} \sin\dfrac{a}{2}$		$\overline{OG} = \dfrac{4}{3\alpha}\dfrac{R^2+Rr+r^2}{R+r}$ $\times \sin\dfrac{\alpha}{2}$

(k) 활형(초승달 모양)	(l) 포물선으로 둘러싸인 면
$$\overline{OG}=\frac{4R}{3}\times\frac{\sin^3(\alpha/2)}{\alpha-\sin\alpha}$$	$$\overline{OA}=\frac{3}{5}a$$ $$\overline{AG_1}=\frac{3}{8}b$$ $$\overline{OB}=\frac{3}{4}b$$ $$\overline{BG_2}=\frac{3}{10}a$$
(m) 원추면	(n) 머리 부분이 잘린 원추면
$$\overline{OG}=\frac{h}{3}$$	$$\overline{OG}=\frac{h}{3}\frac{R+2r}{R+r}$$
(o) 반구면	(p) 구형의 띠
$$\overline{OG}=\frac{R}{2}$$	$$\overline{OG}=\frac{h}{2}$$
(q) 각기둥	(r) 원기둥
$$\overline{OG}=\frac{h}{2}$$	$$\overline{OG}=\frac{h}{2}$$
(s) 삼각뿔	(t) 원뿔
$$\overline{OG}=\frac{h}{4}$$	$$\overline{OG}=\frac{h}{4}$$
(u) 일부가 잘린 구(할구)	(v) 반구
$$\overline{OG}=\frac{h}{4}\frac{4R-h}{3R-h}$$	$$\overline{OG}=\frac{3R}{8}$$

3-2 ▶ 무게 중심 위치의 측정법

기하학적으로 간단한 형상을 한 물체의 무게 중심 위치는, 위에서 설명한 간단한 계산으로 구할 수 있지만, 복잡한 형상의 물체나 많은 부품으로 조립된 기계에서는 계산보다는 직접 측정하는 편이 간편할 수가 있다.

그림 3-10에 나타낸 커넥팅 로드처럼 대칭축이 있는 것은 간단해서 그림의 두 점 A, B에서 수평으로 지지하고 이들에 걸리는 중력의 크기를 측정한다. 각각의 중력을 W_1, W_2라고 하면, 무게 중심에 작용하는 전체 중력은 $W = W_1 + W_2$이다. A점과 B점 사이의 길이를 l이라고 하고, 이들 두 점과 무게 중심 사이의 길이를 l_1, l_2라고 하면,

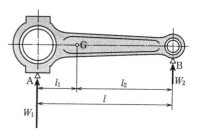

|그림| 3-10 커넥팅 로드의 무게 중심

$$l_1 + l_2 = l, \quad \frac{l_1}{l_2} = \frac{W_2}{W_1}$$

로, 따라서

$$l_1 = \frac{W_2}{W} l, \quad l_2 = \frac{W_1}{W} l \tag{3 • 12}$$

이 된다.

그림 3-11과 같은 평판에서는, 그 위 임의의 점 A에서 매달면, 무게 중심은 A점의 바로 아래의 AA'선상에 온다. 판을 다른 점 B에 다시 걸면, 무게 중심은 그 바로 아래의 BB'선상에 오기 때문에 이 두 직선의 교점 G가 평판의 무게 중심이 된다.

물체를 세 점에서 지지하고 그 연직 방향의 반력을 측정해도 무게 중심의 위치를 구할 수 있다. 무게 중심은 이 세 개의 반력을 합성한 힘의 작용선상에 있기 때문이다. 물체의 자세를 바꿔도 같은 방법으로 하면 무게 중심을 지나는 다른 직선을 구할 수 있다.

자동차나 철도 차량 등에서는 차체를 전후 또는 좌우로 기울여서 무게 중심의 위치를 측정한다. 그림 3-12(a)와 같이, 차량 전후의 차축을 같은 높이로 하고, 각각의 축에 작용하는 힘을

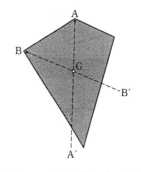

|그림| 3-11 평판에 대한 무게 중심의 측정

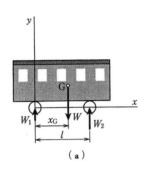

|그림| 3-12 화물차의 중심

측정한 결과를 각각 W_1, W_2라고 하자. 이 차량에 작용하는 전체 중력은 $W = W_1 + W_2$이다. 차량 축 사이의 거리를 l로 하고, 그림과 같이 한쪽 차축을 원점으로 하는 좌표축을 잡으면, 차량이 수평일 때의 원점 모멘트의 평형에 의해, 우선

$$x_{\mathrm{G}} = \frac{W_2}{W} l \qquad (3 \cdot 13)$$

이 확정된다. 다음으로, 그림(b)와 같이 다른 쪽 차축을 올리고 각도 θ만큼 기울였을 때, $\triangle W$의 중력이 한쪽 차축에서 다른 쪽 차축으로 이동했다고 하면, 원점에 대한 전체 중력의 팔 길이는 $x_{\mathrm{G}} \cos\theta - y_{\mathrm{G}} \sin\theta$이므로, 다시 원점 모멘트의 평형에 의해

$$W(x_{\mathrm{G}} \cos\theta - y_{\mathrm{G}} \sin\theta) = (W_2 - \triangle W) l \cos\theta$$

이 식에서 y_{G}를 풀면, 무게 중심의 높이

$$y_{\mathrm{G}} = \left(x_{\mathrm{G}} - \frac{W_2 - \triangle W}{W} l \right) \cot\theta = \frac{\triangle W}{W} l \cot\theta \quad (3 \cdot 14)$$

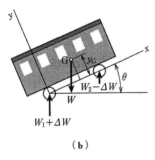

|그림| 3-12 화물차의 중심

가 구해진다.

• 예제 3-7 •

가구의 무게 중심

수평으로 놓인 높이 165cm, 폭 105cm의 찬장의 양 끝에 작용하는 힘을 측정하였더니, 왼쪽 끝에서 280N, 오른쪽 끝에서 310N이었다. 이것을 15° 만큼 왼쪽으로 기울였더니, 140N의 힘이 왼쪽 끝으로 이동하였다. 이 찬장의 질량은 얼마인가? 또한, 무게 중심의 위치는 어디에 있는가?

풀이

찬장에 작용하는 전체 중력은 $W = 280 + 310 = 590$N, 따라서 그 질량은
$$m = \frac{590}{9.81} = 60.1\mathrm{kg}$$

식(3 • 13)과 (3 • 14)에 의해

$$x_G = \frac{310}{590} \times 105 = 55.2 \text{cm}$$

$$y_G = \frac{140}{590} \times 105 \cot 15° = 92.9 \text{cm}$$

로, 무게 중심은 중앙에서 약간 오른쪽, 92.9cm의 높이에 있다.

3-3 ▶ 물체의 평형

그림 3-13(a)와 같이, 수평면에 반구를 놓으면, 반구의 중력 W는 무게 중심 G에 작용하고, 이것을 지지하는 면의 반력 W는 접점 C에서 위쪽으로 작용해서 평형을 유지한다. 그림 (b)와 같이 반구를 조금 기울이면, 이 한 쌍의 우력은 크기 Wa의 복원 모멘트를 만들어, 반구를 원래의 위치로 되돌리려 한다. 이와 같이, 정지하고 있는 물체를 조금 기울여도, 원래의 상태로 돌아올 때, 이것은 **안정(stable)된 평형**이라고 한다.

이와 반대로 그림 3-14와 같이, 반구에 이것과 동일한 반경의 원기둥을 붙이면, 전체 무게 중심 G가 올라가서, 이것을 기울였을 때 크기 $W'b$의 전도 모멘트가 생겨 물체가 쓰러지고 만다. 이러한 상태를 **불안정(unstable)한 평형**이라고 한다. 지점에 매달린 진자의 평형이 안정된 상태인데도 지점의 바로 위에 거꾸로 세운 진자의 평형이 불안정한 것이나, 짐을 지나치게 많이 실은 소형선이 전복되기 쉬운 것도, 모두 이 예이다. 그림 3-13과 그림 3-14에서 알 수 있듯이, 안정된 평형 상태에 있는 물체는, 자세가 조금 바뀌면 무게 중심이 올라가는 반면 불안정한 평형 상태로 있는 물체는 자세가 바뀌면 반대로 무게 중심이 내려가게 된다.

그림 3-14의 경우, 원기둥의 높이가 적당하고, 전체 무게 중심이 정확히 반구와 원기둥의 경계면상의 반구 중심에 있을 때에는, 이것을 아무리 기울여도 중력과 반력은 항상 하나의 연직선상에 있고, 임의의 위치에서 평형을 유지한다. 이러한 평형을 **중립(neutral)적인 평형**이라고 한다. 바닥 위에서 가로로

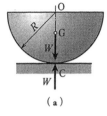

(a)

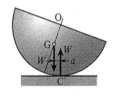

(b)

|그림| 3-13 반구의 안정성

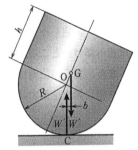

|그림| 3-14 원기둥을 접합한 반구

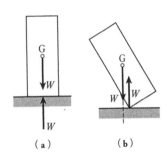

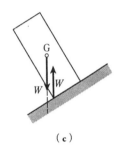

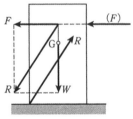

|그림| 3-15 물체의 전도(1)

|그림| 3-16 물체의 전도(2)

놓인 원기둥이나 원뿔은 모두 중립적인 평형 상태에 있다. 이 경우, 물체의 자세가 바뀌어도 무게 중심의 높이에 변화는 없다.

그림 3-15(a)와 같이 물체를 바닥에 놓았을 때, 물체의 밑면에 작용하는 바닥의 반력은 반드시 동일하게 분포하지 않지만, 그 합력은 물체의 중심에 작용하는 중력의 작용선과 일치하여 평형을 유지한다. 하지만, 이 물체를 그림(b)와 같이 기울이거나, 그림(c)와 같이 물체에 실려 있는 평면을 기울여서, 물체에 작용하는 중력의 작용선이 밑면 밖으로 나오게 하면, 중력과 반력에 의한 모멘트에 의해 물체가 전도하게 된다.

또한, 거친(미끄러지지 않는) 바닥면 위에 놓인 물체에 그림 3-16과 같은 힘 F를 가하면 물체에는 이 힘과 중력 W의 합력 R이 작용하지만, 앞에서 언급한 것처럼 그 작용선이 밑면 밖에 나오게 되면 물체는 넘어지고 만다.

• 예제 3-8 •

원기둥을 접합한 반구

그림 3-14에 나타낸 바와 같이 동일한 재료의 원기둥을 접합한 반구의 평형이 안정되려면, 원기둥의 높이는 얼마이어야 하는가?

풀이

반구의 반경을 R, 원기둥의 높이를 h라고 하고, 두 물체의 단위체적당 질량(밀도)을 ρ라고 하면, 반구와 원기둥의 무게 중심에 작용하는 중력은 각각 $\rho g 2\pi R^3/3$, $\rho g \pi R^2 h$가 된다. 평형이 안정된 상태가 되려면, 이 접합체의 무게 중심이 반구 내에 있어야 하며, 그러기 위해서는 위의 두 힘에 의한 O점(반구의 중심) 모멘트 사이에

$$\rho g \frac{2}{3}\pi R^3 \cdot \frac{3}{8}R > \rho g \pi R^2 h \cdot \frac{h}{2} \tag{a}$$

의 관계가 있어야 한다. 여기서 $3R/8$은 중심에서 측정한 반구의 무게 중심 위치이다. 이 식을 풀면, 이 물체의 평형이 안정되기 위한 원추의 높이의 범위

$$h < \frac{R}{\sqrt{2}} = 0.707R \tag{b}$$

가 결정된다.

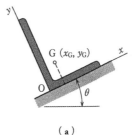

(a)

• 예제 3-9 •

경사면에 놓인 앵글 강(angle steel)

앵글 강을 그림 3-17(a), (b)와 같이 거친 경사면 위에 놓았을 때, 경사면의 각도가 얼마가 되면 넘어지겠는가?

풀이

그림(a)와 같이 좌표축을 잡으면, 단면의 무게 중심 위치는 대략

$$x_G = \frac{75 \times 10 \times 37.5 + 90 \times 10 \times 5}{75 \times 10 + 90 \times 10} = 19.8\text{mm}$$

$$y_G = \frac{75 \times 10 \times 5 + 90 \times 10 \times 55}{75 \times 10 + 90 \times 10} = 32.3\text{mm}$$

에 있다. 따라서

(1) 그림(a)와 같이 놓였을 때는, 경사면이

$$\tan\theta > \frac{19.8}{32.3}, \ \theta > 31°31'$$

(2) 그림(b)일 때는

$$\tan\theta > \frac{75 - 19.8}{32.3} = \frac{55.2}{32.3}, \ \theta > 59°40'$$

이 되면 전도된다.

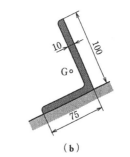

(b)

|그림| 3-17 경사면에 놓인 앵글 강

3-4 ▶ 분포력

물체에 작용하는 힘은 그 한 점에 작용하는 집중력뿐만 아니라 중력을 비롯하여 풍압이나 수압, 적설하중처럼 물체의 표면이나 내부의 점에 분포해서 작용하는 경우가 많다. 대표적인 예를 생각해 보자.

1 보(beam)

그림 3-18에 나타낸 바와 같이 양 끝이 지지된 길이 l의 보에 단위길이당 $w(x)$의 분포하중이 작용하는 경우를 생각해 보자. 지점 A에서 x의 거리에 있는 길이 dx의 보의 미소부분에 작용하는 힘은 $w(x)dx$와 같으므로, 이 힘에 의한 양 지점에서

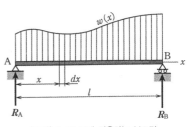

|그림| 3-18 보에 작용하는 분포력

의 모멘트 크기는 각각 $w(x)xdx$, $w(x)(l-x)dx$로, 보의 전체 길이에 작용하는 힘에 의한 모멘트는, 이들을 적분해서

$$M_A = \int_0^l w(x)xdx, \ M_B = \int_0^l w(x)(l-x)dx \ (3 \cdot 15)$$

가 된다. 이 각 모멘트가 양 지점의 반력 R_A, R_B에 의한 모멘트와 평형을 이루고 있으므로

$$R_A = \frac{1}{l} \int_0^l w(x)(l-x)dx,$$

$$R_B = \frac{1}{l} \int_0^l w(x)xdx \qquad (3 \cdot 16)$$

가 얻어진다. 이 두 반력의 합은

$$R_A + R_B = \int_0^1 w(x)dx \qquad (3 \cdot 17)$$

로, 보에 작용하는 분포력은 총합과 같다.

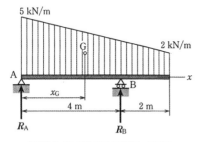

|그림| 3-19 단순보에 작용하는 분포력

· 예제 3-10 ·

단순보

그림 3-19와 같이 단순보에 사다리꼴 모양의 분포하중이 작용할 때, 양 지점에 반력이 얼마나 작용하는가?
지점 B가 어느 위치에 오면, 보가 지점 A에서 들리겠는가?

풀이

그림과 같이, A점을 원점으로 하는 x축을 잡으면, 분력의 크기는

$$w(x) = 5 - 3 \cdot \frac{x}{6} = 5 - \frac{x}{2} \text{kN/m}$$

으로 나타낼 수 있다. 양 지점의 반력을 각각 R_A, R_B로 하면, 보에 직각인 연직방향의 힘의 평형

$$R_A + R_B = \int_0^6 (5 - \frac{x}{2})dx = \left| 5x - \frac{x^2}{4} \right|_0^6 = 21\text{kN}$$

과, A점에서의 모멘트의 평형은

$$R_B \times 4 = \int_0^6 \left(5 - \frac{x}{2}\right)x\,dx = \left|5 \cdot \frac{x^2}{2} - \frac{x^3}{6}\right|_0^6 = 54\,\text{kN} \cdot \text{m}$$

에서

$$R_A = 7.5\,\text{kN}, \quad R_B = 13.5\,\text{kN}$$

이 얻어진다. B지점이 $x = x_B$ 에 있을 때는,

$$R_A = 21 - \frac{54}{x_B}, \quad R_B = \frac{54}{x_B}$$

로, A점의 반력이 음(−), 따라서

$$x_B < \frac{54}{21} = 2.57\,\text{m}$$

가 되면, 보가 A점에서 들리게 된다. 이 점은, 하중곡선을 나타내는 사다리꼴의 무게 중심 위치[표 3.1(g)참조]

$$x_G = \frac{6}{3} \cdot \frac{5 + 2 \times 2}{5 + 2} = 2.57\,\text{m}$$

에 해당한다.

• 예제 3-11 •

항공기의 주익

비행 중인 항공기의 주익에는, 그림 3-20과 같이 공기력(양력)과 중력의 차에 해당하는 분포력이 작용한다. 공기력의 분포가

$$w_a = w_0 \sqrt{1 - \left(\frac{x}{l}\right)^2} \tag{a}$$

중력의 분포가

$$w_g = \frac{1}{3} w_0 \left(1 - \frac{x}{l}\right) \tag{b}$$

에 가깝다고 하면, 주익의 부착부에는 얼마의 힘과 모멘트가 발생할까?

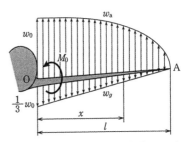

|그림| 3-20 항공기의 주익에 작용하는 분포력

풀이

부착부에 작용하는 합력은*

$$F_0 = \int_0^l \left[w_0 \sqrt{1 - \left(\frac{x}{l}\right)^2} - \frac{1}{3} w_0 \left(1 - \frac{x}{l}\right)\right] dx \tag{c}$$

$$= \frac{\pi}{4} w_0 l - \frac{1}{3} w_0 \left|x - \frac{x^2}{2l}\right|_0^l$$

$$= \left(\frac{\pi}{4} - \frac{1}{6}\right) w_0 l$$

모멘트는

---

* $x = l\sin\theta$ 라고 하면, 공기력에 의한 합력은

$$F_a = w_0 \int_0^{\pi/2} l\cos^2\theta\, d\theta$$

$$= \frac{1}{2} w_0 l \int_0^{\pi/2} (1 + \cos 2\theta)\, d\theta = \frac{\pi}{4} w_0 l$$

$$M_0 = \int_0^l \left[w_0 \sqrt{1 - \left(\frac{x}{l}\right)^2} - \frac{1}{3} w_0 \left(1 - \frac{x}{l}\right) \right] x\,dx \qquad \text{(d)}$$

$$= -\frac{1}{3} w_0 l^2 \left| \left[1 - \left(\frac{x}{l}\right)^2 \right]^{3/2} \right|_0^l - \frac{1}{3} w_0 \left| \frac{1}{2} x^2 - \frac{1}{3l} x^3 \right|_0^l$$

$$= \frac{1}{3} w_0 l^2 - \frac{1}{18} w_0 l^2 = \frac{5}{18} w_0 l^2$$

이 된다.

2 휘어지기 쉬운 로프

휘어지기 쉬운 줄이나 로프는 그 자체에 분포해서 작용하는 중력 때문에 휘어져서, 어떤 곡선을 그리게 된다. 송전선이나 구름다리 등, 그 예는 많다.

그림 3–21과 같이 두 점 A, B 사이에 수평에 가깝게 걸린 로프를 생각해 보자. 로프의 곡선형을 구하기 위해, 그 최저점에 원점 O를 갖는 직교좌표축을 잡는다. 로프의 단위 길이에 작용하는 중력을 w라고 하고, 장력 T의 수평분력과 연직분력을 각각 H, V라고 하면, 미소길이 dS에 작용하는 힘의 평형에서

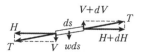

|그림| 3–21 수평에 가깝게 걸린 로프

$$H = H + dH, \; V + wds = V + dV$$

가 성립한다. 여기서 $dH = 0$이고,

$$H = \text{const} \qquad (3 \cdot 18)$$

이다. 로프가 수평에 가깝게 걸려 있을 때는, $ds \fallingdotseq dx$로, 위의 제2식은

$$\frac{dV}{dx} = w \qquad (3 \cdot 19)$$

가 된다. 휘어지기 쉬운 로프에서는, 장력이 접선 방향으로 작용하므로 $dy/dx = V/H$로, H는 일정하기 때문에 식(3 · 19)는

$$\frac{d^2 y}{dx^2} = \frac{w}{H} \qquad (3 \cdot 20)$$

라고 쓸 수 있다. 이 식을 두 번 적분하면,

$$y = \frac{w}{2H}x^2 + Cx + D \qquad (3 \cdot 21)$$

로프의 최저점을 원점으로 잡을 때는, $C = D = 0$이다. 로프의 두 지점 간의 수평거리를 l로 하고, 중앙부분의 로프의 최대 굴곡(수하량 : 수직 아래로 처진 길이)을 f라고 하면

$$x = \pm\frac{l}{2}\text{이고, } y = f$$

가 되므로, 식(3 · 21)에 의해 $f = wl^2/8H$, 여기서 H를 풀면

$$H = \frac{wl^2}{8f} = \frac{Wl}{8f} \qquad (3 \cdot 22)$$

이 된다. $W = wl$은 로프에 작용하는 전체 중력을 나타낸다. 또한, 로프의 수평 지점 간 거리에 대한 최대 굴곡의 비 f/l은 로프의 (최대) **수하비**(sag ratio)라고 하며, 보통 $f/l = 0.03 \sim 0.08$ 정도의 값이 얻어진다. 식(3 · 22)의 H 값을 (3 · 21)에 대입하면

$$y = 4f\left(\frac{x}{l}\right)^2 \qquad (3 \cdot 23)$$

이 되어, 로프의 곡선형은 거의 포물선으로 주어진다*. 이 경우의 로프의 길이는

$$L = \int_{-l/2}^{l/2}\sqrt{1 + \left(\frac{dy}{dx}\right)^2}\,dx \fallingdotseq 2\int_0^{l/2}\left[1 + \frac{1}{2}\left(\frac{dy}{dx}\right)^2\right]dx$$
$$= 2\int_0^{l/2}\left[1 + \frac{1}{2}\left(8f\frac{x}{l^2}\right)^2\right]dx = l\left[1 + \frac{8}{3}\left(\frac{f}{l}\right)^2\right]$$

$$(3 \cdot 24)$$

수하비가 작은 보통 로프에서는, 곡선 길이와 수평거리와의 차는 적고, $f/l = 0.10$의 경우에도 겨우 2.7%에 지나지 않는다.

* 엄밀하게는 로프의 형상을 **현수선**(catenary)이라고 하는 쌍곡선함수로 표시하지만, 실용적으로는 포물선으로 간주해도 좋다.

로프의 장력은

$$T = \sqrt{H^2 + V^2} = H\sqrt{1 + \left(\frac{w}{H}x\right)^2} \fallingdotseq H\left[1 + \frac{1}{2}\left(8f\frac{x}{l^2}\right)^2\right]$$

$$(3 \cdot 25)$$

로, 중앙의 최저점에서 수평분력 H와 같고, 양 끝에 가까울수록 커지지만, 수하비가 작은 로프에서는 그 차이가 그다지 크지 않다.

• 예제 3-12•

로프의 장력

1m당 질량이 1.2kg인 로프(6×7, 직경 18mm)가 300m 거리의 수평인 두 지점 사이에 걸려 있다. 수하비가 0.05 인 경우, 로프 장력은 얼마인가?
수평분력과 양 끝에서의 최대장력을 비교하여라.

풀이

식(3 · 22)에 의해, 장력의 수평성분은

$$H = \frac{1.2 \times 10^{-3} \times 9.81 \times 300}{8 \times 0.05} = 8.8\text{kN}$$

식(3 · 25)에 의해, 최대장력은 이보다 겨우

$$8\left(\frac{f}{l}\right)^2 = 8 \times 0.05^2 = 0.02\,(2\%)$$

크기에 지나지 않는다.

---

3 정지유체의 압력

유체와 접하고 있는 물체의 표면에는 이와 수직으로 분포하는 유체의 힘이 작용하며, 단위면적당 작용하는 이 분포력을 유체의 **압력**(pressure)이라고 한다.

정지유체 내 한 점에서의 압력은 어느 방향에서나 같고, 밀폐 용기 내에서는 유체에 가한 압력이 모든 부분에 같은 크기로 전달된다(파스칼의 원리). 수압기는 이 원리를 이용한 것으로 그림 3-22에서

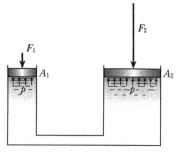

|그림| 3-22 수압기의 원리

$$p = \frac{F_1}{A_1} = \frac{F_2}{A_2}$$

따라서

$$F_2 = \frac{A_2}{A_1} F_1$$

이 되어, 작은 힘 F_1으로 큰 힘 F_2를 증폭시키는 것이 가능하다.

같은 중력장에 놓인 액체의 압력은 깊이에 비례한다. 그 이유는 그림 3–23과 같이, 액면에서 깊이 z에 있는 면적 dS, 높이 dz의 작은 액주에 작용하는 연직방향의 힘의 평형으로 쉽게 설명된다. 액체의 밀도를 ρ, 깊이 z에서의 액체의 압력을 p하고 하면,

$$pdS - (p + \frac{dp}{dz}dz)dS + \rho g dz dS = 0$$

이고, 여기서

$$\frac{dp}{dz} = \rho g \tag{3 · 27}$$

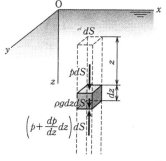

|그림| 3–23 액체 속 각기둥에 작용하는 힘

가 얻어진다. 액체의 밀도는 깊이에 관계없이 일정하므로, 액면($z = 0$)에서의 압력(대기압)을 p_0하고 하고, 식(3 · 27)을 적분하면

$$p - p_0 = \rho g z \tag{3 · 38}$$

가 된다.

유체 속의 물체는, 그것에 의해 배제된 유체의 중량과 같은 크기만큼 위쪽으로 힘이 작용하며 연직방향(아르키메데스의 원리)의 이 힘을 **부력**(buoyancy)이라고 한다. 유체의 밀도를 ρ, 물체에 의해 배제된 유체의 부피를 V라고 하면, 부력의 크기는 $B = \rho g V$이다. 그리고, 부력의 중심은 배제된 유체의 중심에 일치한다. 그 이유는 다음과 같이 설명할 수 있다.

유체 속에 있는 물체를 그림 3–24와 같이 단면적 $dxdy$를 갖

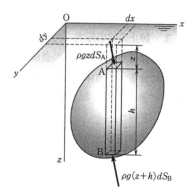

|그림| 3-24 액체 속에 잠긴 물체

는 연직방향의 각기둥 AB로 절단했다고 생각하고, 그 높이를 h, A면의 깊이를 z라고 하면, 각기둥의 위, 아래에는 각각 $\rho g z d S_A$, $\rho g(z+h)dS_B$의 압력이 작용한다. 이 힘의 연직 성분은 $\rho g z dx dy$, $\rho g \times (z+h)dx dy$ 이므로, 각기둥에는 그 차인 $\rho g h dx dy$의 힘이 위쪽으로 작용하고, 그 결과 물체 전체에는 수평면으로의 전체 투영 면적 S에 걸쳐 적분한

$$B = \rho g \iint_s h dx dy = \rho g V \qquad (3 \cdot 29)$$

의 힘이 작용한다. 또한, 이 힘의 x, y축에서의 모멘트는

$$M_x = \rho g \iint_s h y dx dy = \rho g V y_G$$

$$M_y = \rho g \iint_s h x dx dy = \rho g V x_G \qquad (3 \cdot 30)$$

이 되어, 부력의 중심은 배제된 유체의 무게 중심(x_G, y_G)과 일치한다.

물에 뜬 배에는 배의 중량 W와 이와 같은 크기의 부력 B가 반대 방향으로 작용하고, 또한 배의 무게 중심 G와 부력의 중심 C가 동일한 연직선상에 있다. 이 배가 조금 기울어서, 부력의 중심 C가 그림 3-25와 같이 C′로 이동했다고 하면, 이 중력과 부력에 의한 복원 모멘트 때문에 선체는 원래의 자세로 돌아간다. 부력 B의 작용선과 배의 중심선과의 교점 M을 **메타센터**(metacenter)라고 부른다. 메타센터가 선체의 무게 중심보다 위에 있을 때는 배가 안정되지만, 선체의 무게 중심이 높아져서 메타센터가 그 아래로 오게 되면, 모멘트의 방향이 거꾸로 되어 배는 불안정해 진다.

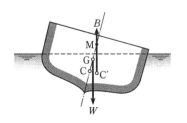

|그림| 3-25 배의 안정성

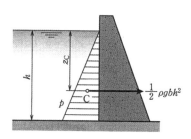

|그림| 3-26 댐에 작용하는 수압

• 예제 3-13 •

댐에 작용하는 수압

그림 3-26에 나타낸 높이 $h = 4\text{m}$, 폭 $b = 10\text{m}$인 댐의 연직 벽면에 작용하는 전체 수압과 압력 중심의 깊이를 구하시오.

풀이

깊이 z의 작은 면적 bdz에 작용하는 힘은 $\rho gzbdz$로, 댐 전체에 작용하는 합력은,

$$P = \int_0^h \rho gzbdz = \frac{1}{2}\rho gbh^2$$

$$= \frac{1}{2} \times 1 \times 9.81 \times 10 \times 4^2 = 784.8\text{kN}$$

전체 수압이 작용하는 압력 중심의 깊이는

$$z_c = \frac{1}{P}\int_0^h \rho gz^2bdz = \frac{2}{3}h = \frac{2}{3} \times 4 = 2.7\text{m}$$

가 된다.

• 예제 3–14•

원판에 작용하는 수압

그림 3–27에 나타낸 바와 같이 중심 G가 z_G의 깊이까지 물속에 가라앉은 반경 R의 연직 원판(거푸집널)에 작용하는 전체 수압과 그 압력 중심을 구하시오.

풀이

그림과 같이, 깊이 z에 있는 작은 면적 $2\sqrt{R^2 - (z - z_G)^2}\, dz$에 작용하는 힘은 $2\rho gz \times \sqrt{R^2 - (z - z_G)^2}\, dz$로, 원판 전체에 작용하는 전체 수압은 $z - z_G = x$라고 놓고*

$$P = \int_{-R}^{R} 2\rho g(z_G + x)\sqrt{R^2 - x^2}\, dx = \rho g\pi R^2 z_G \tag{a}$$

또한, 압력 중심의 깊이는

$$z_c = \frac{1}{P}\int_{-R}^{R} 2\rho g(z_G + x)^2 \sqrt{R^2 - x^2}\, dx = z_G + \frac{R^2}{4z_G} \tag{b}$$

이 된다.

위의 두 가지 예에서 알 수 있듯이, 평판에 가해지는 전체 수압은, 면의 무게 중심에 작용하는 압력이 전면에 균일하게 작용한다고 간주했을 때의 크기와 같고, 그 압력 중심은 분포하는 수압의 무게 중심의 깊이와 일치한다.

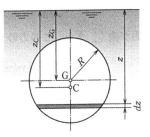

|그림| 3–27 수중에 연직으로 잠긴 원판

* $x = R\sin\theta$라고 하면

$$\int_{-R}^{R}\sqrt{R^2 - x^2}\, dx = 2R^2\int_0^{\pi/2}\cos^2\theta\, d\theta = \frac{\pi}{2}R^2$$
(월리스의 공식)

$$\int_{-R}^{R} x\sqrt{R^2 - x^2}\, dx = 0 \text{ (피적분관계의 역대칭성)}$$

$$\int_{-R}^{R} x^2\sqrt{R^2 - x^2}\, dx = 2R^4\int_0^{\pi/2}\sin^2\theta\cos^2\theta\, d\theta$$

$$= 2R^4\int_0^{\pi/2}(\cos^2\theta - \cos^4\theta)d\theta = 2R^4\left(\frac{1}{2} - \frac{3}{4}\frac{1}{2}\right)\frac{\pi}{2}$$

$$= \frac{\pi}{8}R^4 \text{(월리스의 공식)}$$

이 된다.

풀이와 해답 | p.211~213

3-1 다음 그림 (a), (b), (c)와 같이 구부러진 가는 철사의 무게 중심 위치를 구하시오.

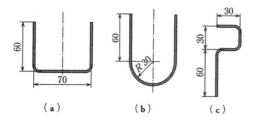

(a)   (b)   (c)

3-2 다음 그림 (a), (b), (c)에 나타낸 얇은 평판의 무게 중심 위치를 계산하시오.

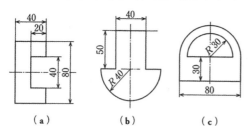

(a)   (b)   (c)

3-3 다음 그림에 나타낸 회전축의 무게 중심 위치를 구하시오.

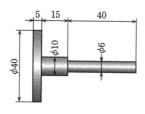

3-4 높이 h, 직경 D의 얇은 철판으로 만든 뚜껑이 없는 캔의 무게 중심은 어디에 있는가?

3-5 다음 그림과 같이, 60°의 각도로 구부러진 가는 막대기의 한쪽 끝 A가 힌지에 설치되어 있다. BC의 부분이 수평이 되기 위해서는, 이 부분의 길이는 얼마가 되어야 하는가?

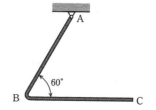

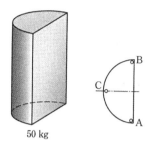

연습 문제

풀이와 해답 | p.213~214

3-6 50kg의 반원기둥이, 다음 그림에 나타낸 밑면상의 세 점 A, B, C에 연직으로 지지될 때, 각 점에는 얼마의 힘이 작용하는가?

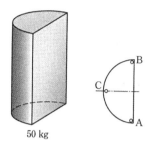

50 kg

3-7 다음 그림에 나타낸 단면의 반경 r, 중심선의 반경 R의 링의 표면적과 부피를 구하시오.

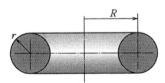

3-8 다음 그림에 나타낸 사다리꼴 모양의 분포하중이 외팔보에 작용할 때, 고정단에는 얼마만큼의 반력과 모멘트가 발생하는가?

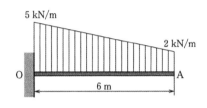

3-9 길이 3.1m, 질량 40 kg의 체인을 3m 간격으로 해서 양쪽에 같은 높이로 걸었다. 이 체인의 늘어진 정도와 최대장력은 얼마인가?

3-10 속이 비어 있는 강철제(밀도 $7.8 \times 10^3 \text{kg/m}^3$)의 구를 물에 띄우기 위해 필요한 반경과 두께의 비는 얼마인가?

제 **4** 장 속도와 가속도

1 속도

공중에 던져진 공이나 도로를 달리는 자동차의 경우, 보통 그 크기가 운동하는 거리에 비해 작기 때문에 이들을 점으로 간주하고 그 운동을 다루어도 문제가 되지 않는다.

물체가 직선운동을 할 때, 움직인 거리와 움직이는 데 소요된 시간의 비를 **속도**(velocity)라고 한다. 그림 4-1과 같이, 어떤 시간 t에 직선상에 있는 기준점 O(원점)에서 s의 거리에 있던 P점이, 시간 $\triangle t$ 동안 직선상을 P'점까지 거리 $\triangle s$만큼 이동했다고 하자. 이때의 평균속도는

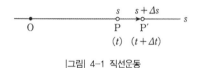

|그림| 4-1 직선운동

$$v = \frac{\triangle s}{\triangle t} \tag{4 · 1}$$

이고, 시간 $\triangle t \to 0$으로 한 극한의 값

$$v = \lim_{\triangle t \to 0} \frac{\triangle s}{\triangle t} = \frac{ds}{dt} \tag{4 · 2}$$

는 P점에서의 순간 속도를 나타낸다. 시간 t가 변함에 따라, P점의 위치 s가 그림 4-2와 같이 변할 때, 속도 v는 이 곡선의 기울기로 주어지고, 접선과 t축 사이의 각도를 θ라고 하면, 그 크기는 $\tan\theta$와 같다. 속도는 [길이/시간]의 차원을 가지며, 보통 m/s 또는 km/h의 단위로 측정된다.

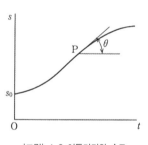

|그림| 4-2 이동거리와 속도

식(4 · 2)를 적분하면

$$s = s_0 + \int_o^t v dt \tag{4 · 3}$$

이며, 반대로 속도 v가 주어지면, 점의 위치가 결정된다. 적분 상수 s_0는 $t = 0$일 때의 점의 위치에서 $s - s_0$가 시간 t에서의 이동거리로부터 구해진다.

점이 일정 속도 v로 운동할 때는

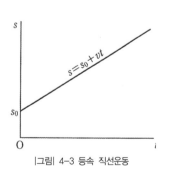

|그림| 4-3 등속 직선운동

$$s = s_0 + vt \tag{4 · 4}$$

이며, 이 경우의 s곡선은 그림 4-3과 같은 직선이 된다.

· 예제 4-1 ·

소리의 속도

대기 중에 전달되는 소리의 속도는 지상에서 약 $340\,\mathrm{m/s}$이고 상공으로 올라감에 따라 점점 작아져, 여객기(제트기)가 비행하는 $10\,\mathrm{km}$의 고도에서는 약 $300\,\mathrm{m/s}$이다. 이것을 시속으로 바꾸면 얼마인가?

풀이

1시간은 3600초이므로, 지상에서의 음속은
$$v_0 = 340 \times \frac{3600}{1000} = 1220\,\mathrm{km/h}$$

고도 $10\,\mathrm{km}$에서는
$$v_{10} = 300 \times 3.6 = 1080\,\mathrm{km/h}$$

· 예제 4-2 ·

두 마을을 왕복하는 자동차

거리가 $60\,\mathrm{km}$ 떨어진 두 마을을 갈 때는 $50\,\mathrm{km/h}$, 돌아올 때는 $30\,\mathrm{km/h}$의 속도로 왕복하는 자동차와, 왕복 모두를 그 평균인 $40\,\mathrm{km/h}$의 평균속도로 달리는 자동차 중 어느 쪽이 왕복시간이 짧은가?

풀이

$50\,\mathrm{km/h}$와 $30\,\mathrm{km/h}$의 속도로 왕복하는 자동차는
$$t = \frac{60}{50} + \frac{60}{30} = 3.2\,\mathrm{h}$$

으로, 3시간 12분 걸리고, $40\,\mathrm{km/h}$로 왕복하는 자동차는
$$t = 2 \times \frac{60}{40} = 3.0\,\mathrm{h}$$

으로, 정확히 3시간 걸린다. 따라서 평균 속도로 왕복하는 편이 12분 빠르다.

---

2 가속도

물체에 힘이 작용하면 속도는 시간과 함께 변화한다. 어떤 시각 t에 속도 v로 운동하고 있던 물체가 $\triangle t$ 시간에 $\triangle v$만큼 속도를 바꾸었을 때, 이 사이의 속도 변화의 비율은

$$a = \frac{\triangle v}{\triangle t} \tag{4 • 5}$$

이고, 이러한 단위시간당 속도의 변화율을 (평균) **가속도(acceleration)**라고 한다. 속도의 경우와 마찬가지로 순간 가속도는

$$a = \lim_{\triangle t \to 0} \frac{\triangle v}{\triangle t} = \frac{dv}{dt} \tag{4 • 6}$$

로 주어진다. 가속도는 [길이/시간^2]의 차원을 가지며, 보통 m/s^2의 단위로 측정된다. 식 (4 • 6)을 적분하면,

$$v = v_0 + \int_0^t a dt \tag{4 • 7}$$

등가속도 운동에서는

$$v = v_0 + at \tag{4 • 8}$$

이고, v_0은 시각 $t = 0$에서의 속도를 나타낸다. 가속도 a가 속도 곡선의 기울기로 주어지고 또한, 등가속도 운동에서는 시간과 속도가 직선적인 관계에 있는 것은 위에서 속도에 대해 설명한 것과 같다.

등가속도 운동에서는, 식(4 • 8)를 시간으로 다시 적분해서,

$$s = s_0 + v_0 t + \frac{1}{2}at^2 \tag{4 • 9}$$

이 된다. 식(4 • 8)에서 $t = (v - v_0)/a$을 식(4-9)에 대입하면, 시간 t가 없어져

$$s - s_0 = \frac{v^2 - v_0{}^2}{2a} \tag{4 • 10}$$

이 된다.

• 예제 4-3 •

로켓의 발사

지상에서 5G (G-force)의 가속도로 수직 발사되는 로켓은 30초 후에 얼마의 고도에 도달하겠는가? 또한, 그 때의 속도는 얼마인가?

풀이

고도는

$$s = \frac{1}{2}at^2 = \frac{1}{2} \times 5 \times 9.81 \times 30^2 = 22.1\,\text{km}$$

속도는

$$v = at = 5 \times 9.81 \times 30 = 1471\,\text{m/s}$$

이며, 시속으로 바꾸면 5295.6 km/h가 된다.

· 예제 4-4 ·

자동차의 급제동

시속 40 km/h로 달리고 있는 자동차에 급브레이크를 걸었더니 15 m에서 멈췄다. 자동차의 제동 능력이 속도에 관계없이 일정하다고 하면, 시속 80 km/h에서는 자동차가 제동 거리가 얼마로 되는가?

또한, 이때 제동 시간은 얼마인가?

풀이

식(4 · 10)에서 $v_0 = 40/3.6 = 11.1\,\text{m/s}$, v = 0, $s - s_0 = 15\text{m}$라고 하면, 자동차의 가속도[음(−)의 가속도]는

$$a = \frac{v^2 - v_0^2}{2(s - s_0)} = \frac{-11.1^2}{2 \times 15} = -4.1\,\text{m/s}^2$$

$v_0 = 80/3.6 = 22.2\,\text{m/s}$로 달리고 있는 자동차가 정지할 때까지는, 시속 40 km/h일 때의 4배인

$$s - s_0 = -\frac{22.2^2}{2 \times (-4.1)} = 60.1\,\text{m}$$

만큼 달리고, 그 사이에

$$t = \frac{-22.2}{-4.1} = 5.4\,\text{s}$$

의 시간이 걸린다. 자동차를 운전할 때, 제한속도를 무시하는 것이 얼마나 위험한지 잘 알 수 있다.

· 예제 4-5 ·

물체의 자유낙하

물체에 작용하는 공기 저항을 고려하지 않으면, 공중으로 던져진 물체에는 바로 밑을 향해 중력가속도 g가 작용한다. 초기속도가 v_0이고, h의 높이에서 바로 위로 던져진 물체는 어떤 운동을 하는가?

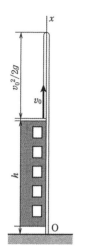

|그림| 4-4 바로 위로 던져진 물체

그림 4-4와 같이, 지면을 원점으로 하여 위쪽으로 x축을 잡으면, 이 경우의 가속도는 $a = -g$가 되므로, t초 후 물체의 속도는

$$v = v_0 - gt \tag{a}$$

이며, 상승한 높이는

$$x = h + v_0 t - \frac{1}{2} g t^2 \tag{b}$$

$0 < t < v_0/g$ 사이에 물체는 상승하고, 시각

$$t = \frac{v_0}{g} \tag{c}$$

에, 가장 높은

$$x_{\max} = h + \frac{1}{2} \frac{v_0^2}{g} \tag{d}$$

에 이른다. 물체를 h의 높이에서 가만히 떨어뜨리면 $(v_0 = 0)$, t초 후의 낙하속도는 $v = -gt$이며, 지상에 떨어지는 데에 $t = \sqrt{2h/g}$의 시간이 걸리고, 그 때

$$|v| = \sqrt{2gh} \tag{e}$$

의 속도가 된다.

4-2 ▶ 곡선운동

1 속도

한 점 P가 있는 평면곡선 C상을 운동하는 경우를 생각해 보자. 이때는 시각 t의 점의 위치를 그림 4-5와 같이, 점 O을 원점으로 하는 벡터 r로 나타내는 것이 편리하다. 이 벡터를 위치 벡터라고 한다. 시각 t에 r의 위치에 있던 점이, 시각 $t + \triangle t$에 $r + \triangle r$까지 이동했다고 하면, $\triangle r$은 $\triangle t$ 시간의 이동량이므로,

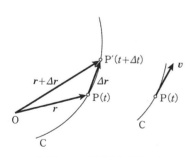

|그림| 4-5 곡선상을 운동하는 점

$$v = \frac{\triangle r}{\triangle t} \tag{4 · 11}$$

은 이 사이의 평균속도를 나타낸다. P점에서의 순간 속도는

$$v = \lim_{\triangle t \to 0} \frac{\triangle r}{\triangle t} = \frac{dr}{dt} \qquad (4 \cdot 12)$$

이며, 그 방향은 P점에서의 곡선 C의 접선 방향과 일치한다. 이렇게 속도 v는 벡터량이고, 그 크기는 직교성분을 이용하여

$$v = \sqrt{v_x{}^2 + v_y{}^2} = \sqrt{\left(\frac{dx}{dt}\right)^2 + \left(\frac{dy}{dt}\right)^2} \qquad (4 \cdot 13)$$

그 방향은

$$\theta = \tan^{-1}\left(\frac{v_y}{v_x}\right) = \tan^{-1}\left(\frac{dy}{dt} \Big/ \frac{dx}{dt}\right) \qquad (4 \cdot 14)$$

로 주어진다.

이것에 대해, P점의 $\triangle t$ 시간 동안 곡선 C를 따라 이동한 거리를 $\triangle s$로 하면, $v = \triangle s / \triangle t$를 평균 속도라고 하고, $\triangle t \to 0$의 극한값을 구한

$$v = \lim_{\triangle t \to 0} \frac{\triangle s}{\triangle t} = \frac{ds}{dt} \qquad (4 \cdot 15)$$

를 P점에서의 **속력(speed)**이라고 부르고 있다. 속도의 크기는 속력과 같다.

2 가속도

점 P가 곡선 C상을 운동하는 경우, 그림 4-6과 같이 시각 t에서의 속도가 v이고, $t + \triangle t$가 되어 속도가 $v + \triangle v$로 변했다고 하면, $\triangle v$는 $\triangle t$ 시간에서의 속도 변화로,

$$a = \frac{\triangle v}{\triangle t} \qquad (4 \cdot 16)$$

은 이 사이의 평균가속도라고 한다. 따라서 P점에서의 순간 가속도는

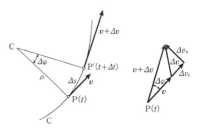

|그림| 4-6 점의 속도 변화

$$a = \lim_{\triangle t \to 0} \frac{\triangle v}{\triangle t} = \frac{dv}{dt} = \frac{d^2 r}{dt^2} \qquad (4 \cdot 17)$$

로 나타낸다. 직교성분을 이용하면 가속도의 크기는

$$a = \sqrt{a_x{}^2 + a_y{}^2} = \sqrt{\left(\frac{d^2 x}{dt^2}\right)^2 + \left(\frac{d^2 y}{dt^2}\right)^2} \qquad (4 \cdot 18)$$

이라고 쓸 수 있다.

3 접선가속도와 법선가속도

곡선 C상을 운동하는 점의 가속도 a는, 속도 벡터 v와 같은 접선 방향의 성분 a_t와, 이것에 직각인 법선 방향의 성분 a_n을 가지고 있다.

지금, 그림 4-6과 같이 속도 벡터의 변화 $\triangle v$의 접선 방향과 법선 방향의 성분을 각각 $\triangle v_t$, $\triangle v_n$이라고 하고, 두 속도 벡터 v와 $v + \triangle v$ 사이의 각도를 $\triangle \varphi$라고 하면, 각 가속도 성분의 크기는

$$a_t = \lim_{\triangle t \to 0} \frac{\triangle v_t}{\triangle t} = \lim_{\triangle t \to 0} \frac{(v + \triangle v)\cos\triangle\varphi - v}{\triangle t} = \lim_{\triangle t \to 0} \frac{\triangle v}{\triangle t} = \frac{dv}{dt} \qquad (4 \cdot 19)$$

그리고

$$\begin{aligned} a_n &= \lim_{\triangle t \to 0} \frac{\triangle v_n}{\triangle t} = \lim_{\triangle t \to 0} \frac{(v + \triangle v)\sin\triangle\varphi}{\triangle t} = \lim_{\triangle t \to 0} \frac{v\triangle\varphi}{\triangle t} \\ &= \lim_{\triangle t \to 0} \frac{v\triangle\varphi}{\triangle s} \frac{\triangle s}{\triangle t} \end{aligned}$$

가 된다. $\triangle s$는 곡선 C 호의 길이로, $v = \lim_{\triangle t \to 0}(\triangle s / \triangle t)$, P점에서의 곡선의 곡률반경을 ρ라고 하면,

$$\frac{1}{\rho} = \lim_{\triangle s \to 0} \frac{\triangle\varphi}{\triangle s} \qquad (4 \cdot 20)$$

의 관계가 있으므로, 법선 방향의 가속도 크기는

$$a_n = \frac{v^2}{\rho} \tag{4 • 21}$$

이라고 쓸 수 있다.

이와 같이, 속도 v와 같은 접선 방향을 향하고 있고, 그 크기를 변화시키는 가속도 성분 a_t를 **접선가속도**(tangential acceleration) 라고 하며, 이것과 수직인 곡률중심의 방향을 향하고 있기 때문에, 속도 v의 방향을 변화시키는 가속도 성분 a_n을 **법선가속도** (normal acceleration) 또는 **구심가속도**(centripetal acceleration) 라고 부른다. 가속도 a의 크기는 이들의 성분을 이용하여,

$$a = \sqrt{a_t{}^2 + a_n{}^2} = \sqrt{\left(\frac{dv}{dt}\right)^2 + \left(\frac{v^2}{\rho}\right)^2} \tag{4 • 22}$$

으로 주어진다.

4-3 ▶ 포물선 운동

수평면에 대해 각도 α의 방향으로 v_0의 초기속도로 던져진 물체의 운동을 생각해 보자. 물체를 던진 점을 원점으로 하고 그림 4–7과 같이 좌표축을 잡는다. 공기의 저항을 무시하면 물체에는 연직 아래 방향으로만 일정한 중력 가속도 g가 작용하고, 수평 방향으로는 속도 변화가 없다. 따라서 시간 t에서의 속도 성분은

$$\begin{cases} v_x = v_0 \cos\alpha \\ v_y = v_0 \sin\alpha - gt \end{cases} \tag{4 • 23}$$

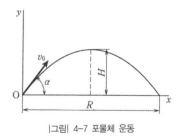

|그림| 4–7 포물체 운동

이며, 물체의 위치는

$$x = v_0 t \cos\alpha, \ y = v_0 t \sin\alpha - \frac{1}{2}gt^2 \tag{4 • 24}$$

이 된다. 식(4 • 24)에서 시간 t를 없애면, 물체의 운동 경로가

얻어진다. 즉,

$$y = x\tan\alpha - \frac{g}{2v_0^2\cos^2\alpha}x^2 \qquad (4 \cdot 25)$$

이고, 이 곡선은 포물선을 나타내고 있다. 이 식으로 $y = 0$이 되는 x를 구하고, 이것을 R로 하면

$$R = \frac{v_0^2}{g}\sin 2\alpha \qquad (4 \cdot 26)$$

이고, 수평면상에서의 물체의 도달 거리를 구할 수 있다. 동일한 초기속도 v_0로 던진 경우, 같은 수평 거리에 도달하는 데 α와 $90° - \alpha$의 두 가지의 각도가 있다. $\alpha = 45°$일 때는 $\sin 2\alpha = 1$이며, 물체는 가장 먼 거리까지 도달하게 된다.

이에 비해, 물체가 최고점에 도달했을 때에는 $v_y = 0$이 되므로, 식(4 · 23)에 따라

$$t = \frac{v_0}{g}\sin\alpha \qquad (4 \cdot 27)$$

이며, 이것을 식(4 · 24)의 y식에 대입하여, 최고 높이

$$H = \frac{v_0^2}{2g}\sin^2\alpha \qquad (4 \cdot 28)$$

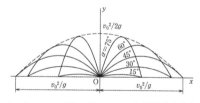

|그림| 4-8 동일한 초기속도 v_0로 던져진 물체의 궤적

가 얻어진다. 동일한 초기속도라면 바로 위에 던졌을 때 가장 높이 올라가는 것이 당연하다.

그림 4-8은 동일한 초기속도 v_0로 각도만 바꿔서 던졌을 때의 물체의 궤적을 나타낸다. 공원의 분수 등에서 자주 볼 수 있는 예이다.

초기속도를 크게 하지 않는 한, 점선으로 그려진 포물선의 바깥쪽으로 물체나 물이 나가지 않는다.

실제로는, 물체에 작용하는 공기 저항으로 인해 물체의 궤적은 포물선이 되지 않고, 그림 4-9와 같은 곡선이 된다*. 야구

* 이리에 도시히로, 야마다 겐 : 《공업역학》, p.106, 이공학사, 1980.

공을 던질 때 자주 경험하는 것일 것이다.

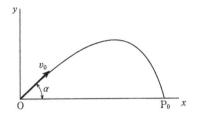

|그림| 4-9 공중에 던져진 물체의 운동

> **• 예제 4-6 •**
>
> **헬리콥터에서의 물체 투하**
>
> 20m 의 저공을 30km/h의 속도로 수평 비행하는 헬리콥터에서 물체를 떨어뜨리면 어느 지점에 떨어질까?
>
> **풀이**
>
> 떨어뜨린 물체의 수평방향의 속도는
>
> $$v = \frac{30}{3.6} = 8.33 \text{m/s}$$
>
> 이고, 연직방향으로는 자유낙하의 경우와 같으므로, 20m 높이에서 지상으로 낙하하는 시간은 예제 4-5의 식(b)에서 유도할 수 있다. 즉,
>
> $$20 - \frac{1}{2} g t^2 = 0$$
>
> 에서 t를 풀어,
>
> $$t = \sqrt{\frac{2 \times 20}{9.81}} = 2.0 \text{s}$$
>
> 가 된다. 이 사이에 물체는 8.33m/s의 속도로 수평방향으로 운동하므로, 물체는 투하점의 바로 밑에서 헬리콥터의 비행 방향으로 $8.33 \times 2.0 = 16.7$ m 의 지점에 떨어진다.

4-4 ▶ 원운동

1 각속도

물체가 어떤 점 O를 중심으로 회전할 때, 그 운동은 회전각 θ의 시간적인 변화를 조사하면 잘 이해할 수 있다. 그림 4-10과 같이, P점이 O점 주변에 $\triangle t$ 시간에 각도 $\triangle\theta$만큼 회전할 때, **평균 각속도**(angular velocity)는 $\omega = \triangle\theta/\triangle t$이고 순간 각속도는

$$\omega = \lim_{\triangle t \to 0} \frac{\triangle\theta}{\triangle t} = \frac{d\theta}{dt} \tag{4 • 29}$$

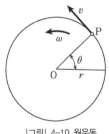

|그림| 4-10 원운동

로 주어진다. 각도로 보통 **라디안(radian)**이 쓰이므로, 각속도는 **rad/s**의 단위로 측정된다. 라디안은 차원을 갖지 않는 양으로, 원호의 길이가 정확히 원의 반경과 같을 때의 중심각이 1rad에 해당한다. 따라서 180°는 π rad, 360°는 2π rad과 같다. 반경 r의 원에서 중심각이 θ인 원호의 길이는 θ를 rad으로 측정하면, $s = r\theta$와 같으므로 원주를 따라 이동한 P점의 속도(각속도)는

$$v = \frac{ds}{dt} = r\frac{d\theta}{dt} = r\omega \tag{4 \cdot 30}$$

가 된다.

기계의 회전속도는 보통, 매 분당 회전수 N으로 측정되고, rpm 단위가 쓰인다. 각속도 $\omega(\text{rad/s})$와 $N(\text{rpm})$ 사이에는 다음의 관계가 있다.

$$\omega = 2\pi\left(\frac{N}{60}\right) = \frac{\pi}{30}N \tag{4 \cdot 31}$$

직선운동의 경우와 마찬가지로, 식(4 • 29)를 시간 t로 적분하면

$$\theta = \theta_0 + \int_0^t \omega dt \tag{4 \cdot 32}$$

일정한 각속도로 회전할 때는

$$\theta = \theta_0 + \omega t \tag{4 \cdot 33}$$

가 된다.

2 각가속도

단위시간당 각속도 ω의 변화를 **각가속도(angular acceleration)**라고 하고

$$\alpha = \lim_{\triangle t \to 0} \frac{\triangle \omega}{\triangle t} = \frac{d\omega}{dt} \tag{4 \cdot 34}$$

로 나타낸다. 각가속도는 보통 rad/s^2 단위로 측정된다.

P점이 반경 r인 원주상을 회전할 때의 접선가속도와 구심가속도의 크기는

$$a_t = \frac{dv}{dt} = r\frac{d\omega}{dt} = r\alpha \tag{4 • 35}$$

$$a_n = \frac{v^2}{r} = r\omega^2 \tag{4 • 36}$$

로 주어진다. 일정한 각속도로 회전할 때 $(\alpha = 0)$은, 접선가속도가 0이고, 원의 중심을 향한 구심가속도만 작용한다.

식(4 • 34)를 시간 t로 적분하면,

$$\omega = \omega_0 + \int_0^t \alpha dt \tag{4 • 37}$$

일정한 각가속도로 회전할 때는

$$\omega = \omega_0 + \alpha t \tag{4 • 38}$$

가 된다. 식(4 • 38)을 한 번 더 시간으로 적분하면

$$\theta = \theta_0 + \omega_0 t + \frac{1}{2}\alpha t^2 \tag{4 • 39}$$

여기서, θ_0와 ω_0는 각각 시각 $t = 0$에서의 회전각과 각속도를 나타낸다. 식(4 • 38)과 (4 • 39)에서 시간 t를 소거하면 직선운동에서 얻어진 것과 똑같은 관계

$$\theta - \theta_0 = \frac{\omega^2 - \omega_0^2}{2\alpha} \tag{4 • 40}$$

이 얻어진다.

• 예제 4-7 •

선반의 절삭 속도

직경이 60mm인 강철봉을 선반으로 절삭할 때, 절삭 속도를 매분당 150m로 하기 위해서는, 주축의 회전수를 얼마로 해야 하는가?

속도 $v = 150/60 = 2.5\,\mathrm{m/s}$ 일 때의 각속도는

$$\omega = \frac{2.5}{0.030} = 83.3\,\mathrm{rad/s}$$

이므로, 식(4・31)에 따라 이것을 매 분당 회전수로 고치면

$$N = \frac{30}{\pi}\omega = \frac{30}{\pi} \times 83.3 = 795.9\,\mathrm{rpm}$$

이 된다.

・ 예제 4-8 ・

플라이휠(flywheel)의 가속

플라이휠이 움직이기 시작한 후 일정한 각가속도로 회전수를 증가시켜 30초 후에 250 rpm이 되었다. 각가속도는 얼마인가?

또한, 이 30초 사이에 몇 번이나 회전하였는가?

각가속도의 크기는

$$\alpha = \frac{\omega - \omega_0}{t} = \frac{1}{30}\left(\frac{\pi}{30} \times 250\right) = 0.87\,\mathrm{rad/s^2}$$

이고, 이 사이에

$$\theta = \frac{1}{2}at^2 = \frac{1}{2} \times 0.87 \times 30^2 = 391.5\,\mathrm{rad}$$

즉, $\theta = 391.5/2\pi = 62.3$ 회전한 것이 된다.

4-5 ▶ 상대운동

연직으로 내리고 있는 비도 차창에서는 비스듬하게 보이고, 나란히 달리고 있는 한쪽 열차에서 다른 쪽 열차를 보면 속도감이 이상해지는 등, 어디를 기준으로 보는가에 따라 운동의 모양이 달라진다.

두 점 A, B가 운동하고 있을 때 A를 기준으로 본 B의 운동을 A에 대한 B의 **상대운동**(relative motion)이라고 한다. 또한 그림 4-11과 같이, 이 두 점이 어떤 고정된 좌표계에 대해 각각 v_A , v_B 로 운동하고 있을 때

$$v_r = v_B - v_A \qquad (4 \cdot 41)$$

를 A에 대한 B의 **상대속도**(relative velocity)라고 한다. 이들 두 점에, v_A와 크기가 같고 방향이 반대인 속도를 더하면, A점의 속도는 0이 되어 고정되고, B점의 속도는 상대속도 v_r과 같아진다. 이와 반대로, B에 대한 A의 상대속도는 식(4·41)의 부호를 바꾼 $-v_r$과 같다.

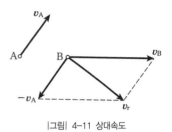

|그림| 4-11 상대속도

• 예제 4-9 •

빗방울의 낙하속도

연직으로 내리는 비가 40km/h의 속도로 달리고 있는 자동차 안에서는 연직선과 50° 방향으로 내리는 것처럼 보였다. 빗방울의 낙하속도는 얼마인가?

풀이

빗방울의 속도 벡터를 그리면, 그림 4-12와 같다. 빗방울의 낙하속도를 V라고 하면, $40/V = \tan 50°$로,

$$V = 40 \cot 50° = 33.6 \text{km/h} = 9.32 \text{ m/s}$$

가 된다.

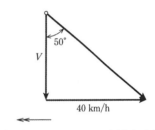

|그림| 4-12 차 안에서 본 빗방울의 낙하

• 예제 4-10 •

항공기의 이상 접근(near miss)

같은 고도를 동쪽으로 420km/h의 속도로 비행하는 항공기(A)와, 남쪽으로 800km/h의 속도로 비행하는 항공기(B)가 있다. 어느 시각에 동서로 11km, 남북으로 20km 떨어진 위치에 있던 이 두 항공기가 그대로 비행을 계속하면, 서로 얼마나 접근하겠는가?

풀이

그림 4-13과 같이, 동쪽으로 420km/h로 비행하는 A기를 기준으로 하는 직교좌표계 $A-xy$의 좌표축을 동서와 남북 방향으로 잡는다. 남쪽으로 800km/h의 속도로 비행하는 B기의 A기에 대한 상대속도의 크기는

$$V_r = \sqrt{420^2 + 800^2} = 903.5 \text{ km/h}$$

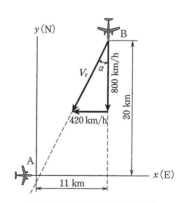

|그림| 4-13 서로 접근하는 항공기

이고, 방향은 정남쪽에서

$$\alpha = \tan^{-1}\frac{420}{800} = 27\,°\,42'$$

만큼 서쪽을 향하고 있다. 시각 $t=0$에서의 B기의 상대위치를 (11, 20) km라고 하면, t초 후의 상대위치는

$$x = 11 - 420t, \; y = 20 - 800t$$

로 나타낼 수 있다. $y=0$이 되는 시간 t는

$$t = \frac{20}{800} = 0.025\,\mathrm{h} = 90\,\mathrm{s}$$

이고, 이때

$$x = 11 - 420 \times 0.025 = 0.5\,\mathrm{km}$$

즉, 1분 30초 후에, 남쪽으로 향하는 B기가 동쪽으로 향하는 A기의 바로 앞 500m지점을 가로지르게 된다.

연습 문제

4-1 자동차가 스타트해서 30m를 주행하는 동안 속도가 40km/h가 되었다. 이때의 자동차의 평균가속도는 얼마인가?

4-2 두 역 사이를, 다음 그림에 나타낸 속도선도로 운행되는 전철의 출발역에서의 거리 s를, 시간 t의 함수로 도시하시오.

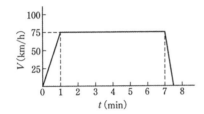

4-3 18노트(1노트=1.852km/h)의 속도로 항해하고 있는 배가 2분간 45°만큼 방향을 바꿨을 때, 그 반경은 얼마인가?

4-4 30m/s의 속도로 바로 위에 던진 물체는 어느 높이까지 올라가는가? 던져지고 나서 다시 낙하할 때까지, 몇 초가 걸리는가?

4-5 수평면과 40°의 각도로 물체를 던졌더니, 150m의 거리까지 날아갔다. 물체를 던진 초기속도는 얼마인가? 또한 이 물체가 도달하는 최고 높이는 얼마인가?

4-6 추를 낙하시켜서 말뚝을 치는 항타기가 있다. 추가 항상 8m의 높이까지 끌어올려진다고 하면, 매회 낙하에 소요되는 시간과 충격속도는 얼마인가?

4-7 매분 300회의 속도로 회전하고 있는 플라이휠을 감속시켜서, 20초 후에 1/2의 속도로 만들었다. 이 감속도를 지속시키면, 플라이휠을 완전히 정지시킬 때까지 앞으로 몇 초가 걸리는가?
또한, 그때까지 플라이휠은 몇 번 회전하는가?

4-8 달은 지구 주위를 반경 약 38.4×10^4km의 원궤도를 그리며 27.3일에 한 바퀴를 돌고 있다. 달의 가속도는 얼마인가?

4-9 배가 30km만큼 강을 거슬러 오르는 데 1시간 45분, 내려가는 데 1시간 15분이 걸렸다. 강물의 유속과 잔잔한 강물 위를 항해할 때 배의 속도는 얼마인가?

4-10 50km/h의 북서풍을 받고, 대기속도(airspeed)가 400km/h인 항공기가 정동쪽으로 비행하기 위해서는, 어느 방향으로 기수를 두고 날면 되는가? 이때의 대지속도(groundspeed)는 얼마인가?

제**5**장 힘과 운동법칙

앞 장에서는 힘의 문제와 물체의 운동을 각각 분리해서 생각해 왔다. 하지만 실제로 물체를 움직이거나 그 운동을 변화시키는 원인이 되는 것이 힘이기 때문에 이 두 가지를 완전히 분리해서 생각할 수는 없다. 힘과 운동 사이의 관계를 규명한 것은 소위 세 가지 **뉴턴***의 운동법칙(Newton's Laws of Motion)으로, 이것에 의해 힘의 개념이 한층 명확해지고, 현상의 설명도 더욱 객관성을 갖게 된다.

제1법칙 물체에 힘이 작용하지 않으면, 물체는 언제까지나 정지 상태를 유지하거나 등속직선운동을 계속한다.

제2법칙 물체에 외력이 작용할 때는, 그 방향으로 힘의 크기에 비례한 가속도가 발생한다.

물체에 작용하는 힘을 F, 이것에 의해 발생하는 가속도를 a로 나타내면, 제2법칙은

$$ma = F \tag{5 $\cdot$ 1}$$

로 쓸 수 있다. 이 식의 비례상수 m은 물체에 따라 각각 다른 고유의 값을 가지고 있고, m이 크면 같은 크기의 힘에 대해 작은 가속도 밖에 발생하지 않는다. 따라서 m은 물체의 관성의 대소를 나타내는 양이라고 생각할 수 있으며 이것을 **질량**(mass)이라고 한다. 그 크기는 식(5 $\cdot$ 1)에서 F나 a의 어느 하나가 주어졌을 때, 다른 양을 측정하면 정해진다. 물체에 작용하는 중력의 크기를 W라고 하면, $mg = W$로, 여기서

$$m = \frac{W}{g} \tag{5 $\cdot$ 2}$$

가 된다. 물체에 작용하는 중력가속도 g는 지구상의 장소에 따라 조금씩 다른 값을 갖지만, 거의 $g = 9.81\,\mathrm{m/s^2}$이므로, 식(5 $\cdot$ 2)에서 물체에 작용하는 중력을 측정하면 질량의 크기가 구해진다.

앞 장에서는, 운동하는 거리에 비해 크기가 작은 물체를 공간적으로 확대되지 않는 점이라고 생각했다. 본 장에서는, 물체의

---

* Sir Issac Newton (1643~1727) : 영국의 수학자, 물리학자, 천문학자

질량을 부가하여, 이것을 **질점**(mass point)이라고 한다.

　제3법칙 두 개의 물체 사이에 작용하는 힘은 동일한 작용선 상에 있고, 크기가 같으며 방향이 반대이다.

　이 한쪽의 힘을 **작용**(action), 다른 쪽의 힘을 **반작용**(reaction) 이라고 하고, 이 법칙을 작용·반작용의 법칙이라고 한다.

　제3법칙은, 앞에서 힘의 평형을 논할 때, 몇 번이고 사용된 법칙이다. 작용과 반작용의 힘은 바닥 위에 놓인 물체와 바닥면 또는 서로 결합된 기계의 부품처럼 맞닿은 물체 사이뿐만 아니라 달과 지구, 지구와 태양 사이에 작용하는 만유인력이나 전자력 등 서로 떨어져 있는 물체 사이에도 작용한다.

　제3법칙에서는, 힘의 작용은 단독으로 존재하는 것이 아니라, 하나의 힘이 작용할 때 반드시 이것과 방향이 반대이면서 크기가 같은 힘이 쌍을 이루어 존재한다는 것을 말하고 있다.

· 예제 5-1 ·

자동차의 가속

질량 1250kg의 자동차가 달리기 시작하여 5초 후에 40 km/h의 속도에 도달했다. 자동차를 가속시키는 데 필요한 평균의 힘은 얼마인가?

풀이

자동차의 평균 가속도는

$$a = \frac{1}{5} \times \frac{40}{3.6} = 2.22 \, \text{m/s}^2$$

따라서 이 사이에 작용하는 평균 구동력은

$$F = 1.25 \times 2.22 = 2.78 \, \text{kN}$$

이 된다.

· 예제 5-2 ·

애트우드의 기계

그림 5-1과 같이, 가볍고 매끄러운 도르래에 가는 실을 걸고, 양 끝에 질량이 조금 다른 2개의 추를 매달았다. 도르래와 실의 질량을 무시하고, 물체의 가속도와 실에 작용하는 장력을 구하시오.

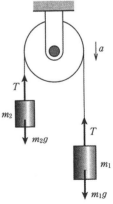

|그림| 5-1 애트우드의 기계

어느 한쪽의 추에 작용하는 실의 장력을 T라고 하면, 그 반작용으로서, 다른 쪽 추에도 이와 같은 크기의 장력이 작용한다. 질량이 m_1인 추 쪽이 크다면, m_1은 아래쪽으로 이동하고 m_2는 위쪽으로 이동한다. 그 가속도를 a라고 하고, 각각의 추에 작용하는 힘의 방향에 주의하면, 식(5 • 1)에 의해

$$m_1 a = m_1 g - T, \; m_2 a = T - m_2 g \qquad \text{(a)}$$

가 성립한다. 이 두 개의 식을 더하면,

$$(m_1 + m_2)a = (m_1 - m_2)g$$

가 되어, 여기서 가속도

$$a = \frac{m_1 - m_2}{m_1 + m_2}g \qquad \text{(b)}$$

가 구해진다. 이때의 실의 장력은, 식(a) 중 한 개의 식을 이용해

$$T = \frac{2m_1 m_2}{m_1 + m_2}g \qquad \text{(c)}$$

가 된다. 두 추의 질량 차이가 작을 때는, 가속도 a의 크기도 작다. 예를 들면, $m_1 = 11\text{kg}$이고, $m_2 = 9\text{kg}$일 때

$$a = \frac{11 - 9}{11 + 9}g = \frac{1}{10}g$$

이 되어 가속도의 관측이 편해진다. 이와 같이, 물체의 자유낙하의 법칙을 완만한 운동으로 변환하여 계측하는 장치를 애트우드의 기계[1] (Atwood's machine)라고 한다.

*1 G. Atwood (1746~1807)

*2 Jean Le Rond d'Alembert (1717~1783)

5-2 달랑베르 원리

운동의 제2법칙은

$$F - ma = 0 \qquad (5 • 3)$$

이라고 쓸 수 있다. $-ma$를 질점 m에 작용하는 힘으로 보면, 이 식은 질점에 작용하는 힘의 평형식이라고 생각할 수 있다. 이것을 **달랑베르의 원리**[2](d'Alembert's principle)라고 하며, $-ma$를 **관성력**(inertia force)이라고 한다.

관성력은 질량이 m인 물체에 a의 가속도를 줄 때 발생하는 반력이라고 생각할 수 있다. 이 원리는 매우 간단한 식의 변형에 지나지 않지만, 동역학의 문제를 정역학의 문제로 취급할 수 있도록 한 개념으로서 일상의 문제를 잘 이해하는 데 편리하다.

예를 들면, 전철이나 버스가 출발해서 가속할 때는 손잡이나 승객에게 차체의 진행과 반대 방향으로 힘이 작용하고, 감속해서 정지할 때는 진행방향으로 힘이 작용하는 것도 이 관성력 때문이다.

• 예제 5-3 •

상승하는 엘리베이터

가속도 a로 상승하는 엘리베이터(승객을 포함한 질량 m)를 매달고 있는 로프에는 얼마의 힘이 작용할까?

감속할 때는 어떤가?

또한, 하강할 때는 어떤가?

풀이

그림 5-2와 같이 로프에는 엘리베이터에 작용하는 중력과 상승하는 가속도에 의한 관성력 $-ma$가 작용해서, 이것이 로프의 장력 T와 평형을 이루므로

$$T - mg - ma = 0 \qquad (a)$$

으로, 여기서

$$T = m(g + a) \qquad (b)$$

감속할 때는, a의 부호만 음수로 바꾸면 된다.

하강할 때는, 감속도가 상승하는 경우와 반대가 된다.

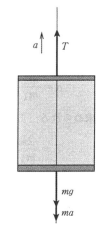

|그림| 5-2 상승하는 엘리베이터

5-3 구심력과 원심력

1 구심력과 원심력

반경 r의 원주를 v의 속도로 운동하는 물체는, 중심을 향해 $a_n = v^2/r$의 구심가속도를 받는다(4 • 2절 참조). 따라서 운동의 법칙에 의해 질량 m의 물체에는, 그림 5-3과 같이 원의 중심을 향해 크기

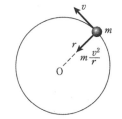

|그림| 5-3 원운동하는 물체에 작용하는 구심력

$$F = m\frac{v^2}{r} \qquad (5 \cdot 4)$$

의 힘이 작용한다. 이 힘을 **구심력**(centripetal force)이라고
한다. 구심력의 크기는 각속도 ω를 이용해서,

$$F = mr\omega^2 \qquad\qquad (5 \cdot 5)$$

이라고도 쓸 수 있다. 물체를 원운동시키기 위해서는 구심력을
주는 매개물이 필요하며, 물체에 끈을 달아 회전시킬 때는 끈의
장력이 구심력을 주고, 달이 지구 주위를 회전할 때는 달과 지
구 사이에 작용하는 만유인력이 구심력이 된다.

구심력에 의해 원운동을 하는 물체에는, 그 반작용인 크기가
같은 바깥쪽을 향하는 관성력이 작용한다. 이러한 형태의 힘을
원심력(centrifugal force)이라고 한다. 끈의 끝에 추를 달고
원운동을 시키면 끈은 추에 구심력을 주지만, 반대로 추는 끈을
바깥쪽으로 잡아당기고 있다. 이것이 원심력이다.

자전거나 오토바이가 커브를 돌 때, 차체를 안쪽으로 기울이
는 것도, 열차나 전철에서 그림 5-4와 같이 레일에 캔트(내외
레일의 높이 차이)를 주는 것도 모두 원심력과 평형을 이룰 수
있는 힘을 주기 위해서이다.

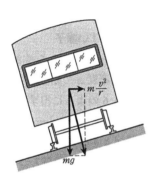

|그림| 5-4 커브를 도는 전철

• 예제 5-4 •

원심 분리기

액체를 원심 분리기에 넣고 그 혼합물을 분리시키고 싶다.
반경을 5cm로 하고, 중력의 100배인 원심력을 주기 위해
서는 얼마의 속도로 회전시켜야 하는가?

풀이

회전의 각속도를 ω로 하면, 질량 m의 액체에 작용하는 원심력의 크기는
$$mr\omega^2 = 100\,mg$$
여기서
$$\omega = \sqrt{\frac{100g}{r}} = \sqrt{\frac{100 \times 9.81}{0.05}} = 140.1\,\mathrm{rad/s}$$
매 분당 회전수로 바꾸면 $N = 1339\,\mathrm{rpm}$이 된다.

• 예제 5-5 •

자동차의 전복

차폭 1.5m, 무게 중심이 지면보다 1.6m의 높이에 있는 5ton 트럭이 반경 60m의 평평한 커브를 돌 때 전복되지 않기 위해서는, 어느 정도의 속도이어야 하는가?

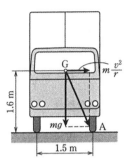

|그림| 5-5 커브를 도는 자동차

[풀이]

그림 5-5에서 A점의 원심력 모멘트가 중력에 의한 모멘트보다 작으면 전복되지 않으므로

$$5 \times \frac{v^2}{60} \times 1.6 < 5 \times 9.81 \times \frac{1.5}{2}$$

따라서 자동차의 질량에 관계없이,

$$v < \sqrt{\frac{9.81 \times 0.75 \times 60}{1.6}} = 16.6\,\text{m/s}$$

시속으로 환산하면, 59.8km/h이고 이 속도를 초과하지 않으면 문제없다.

2 원뿔 진자

질량 m의 추를 길이 l의 늘어나지 않는 실로 매달고, 일정한 각속도 ω로 연직축 주변에 회전시키면, 실은 그림 5–6과 같이 원뿔면을 그린다. 이것을 **원뿔 진자**(conical pendulum)라고 한다. 추가 그리는 원의 반경을 r이라고 하면, 추에 작용하는 원심력은 $mr\omega^2$이고, 실의 장력 T의 수평성분과 평형을 이룬다. 즉,

$$mr\omega^2 = T\sin\theta \qquad (5 \cdot 6)$$

또, 중력 mg와 실의 장력의 연직성분과의 평형에서

$$mg = T\cos\theta \qquad (5 \cdot 7)$$

식 (5 • 6)을 식(5 • 7)로 나누면, 추의 질량에 관계없이,

$$\frac{r\omega^2}{g} = \tan\theta \qquad (5 \cdot 8)$$

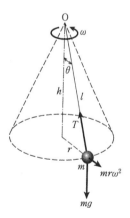

|그림| 5–6 원뿔 진자

이때의 진자의 높이를 h라고 하면, $r/h = \tan\theta$이고,

$$h = \frac{g}{\omega^2} \ \text{혹은,} \ \omega = \sqrt{\frac{g}{h}} \qquad (5 \cdot 9)$$

가 된다. 여기서 원뿔 진자의 주기는

$$T = 2\pi\sqrt{\frac{h}{g}} \qquad (5 \cdot 10)$$

분당 회전수는

$$N = \frac{30}{\pi}\sqrt{\frac{g}{h}} \qquad (5 \cdot 11)$$

가 되어 h의 크기와 관계가 있다. 즉, 회전 속도가 커지면 진자의 높이는 낮아지고, 반대로 속도가 작아지면 진자의 높이는 높아진다.

이 성질을 이용해 진자의 운동을 레버기구를 통해 제어 밸브로 전달하고, 증기나 물의 공급량을 자동으로 조절해서 증기기관이나 수차 등의 회전수를 일정하게 유지시킬 수 있다. 이것이 이른바 조속기의 원리이다.

• 예제 5-6 •

매분 100회 회전하는 원뿔 진자의 높이는 얼마인가?
회전속도가 ±5%만큼 변하면, 높이는 얼마나 변하겠는가?

풀이

식(5 · 9)에 의해

$$h = \frac{981}{[(\pi/30) \times 100]^2} = 8.95\,\text{cm}$$

±5%만 회전속도가 증가하여 $N = 105\,\text{rpm}$이 되면

$$h' = \frac{981}{[(\pi/30) \times 105]^2} = 8.12\,\text{cm}$$

로, 0.83cm만큼 높이가 감소한다. 반대로 5%만큼 회전속도가 줄어 $N = 95\,\text{rpm}$이 되면,

$$h' = \frac{981}{[(\pi/30) \times 95]^2} = 9.92\,\text{cm}$$

로 0.97cm만큼 높아진다.

5-4 ▶ 천체의 운동

1 만유인력

지구가 태양 주위를 회전하고 달이 지구 주위를 회전할 때의 구심력은, 지구와 태양, 달과 지구 사이에 작용하는 **만유인력**(universal gravitation)이다. 뉴턴의 만유인력 법칙에 의하면 질량 m_1, m_2 두 물체 사이에 작용하는 만유인력의 크기는, 두 질량에 비례하고 물체(의 무게 중심) 사이의 거리 r의 제곱에 반비례한다.

즉,

$$F = G\frac{m_1 m_2}{r^2} \tag{5 • 12}$$

G는 만유인력 상수로, $G = 6.670 \times 10^{-11}\,\mathrm{m^3/(kg \cdot s^2)}$라는 작은 값을 가지고 있다. 따라서 만유인력의 크기는 원래 작지만 지구와 태양, 물체와 지구처럼 양쪽 물체 또는 한쪽 물체의 질량이 매우 크면 무시할 수 없는 값이 된다.

2 달의 운동과 지구의 질량

달은 지구 주위를 반경 $R_M = 3.84 \times 10^5\,\mathrm{km}$의 원에 가까운 궤도로 회전하고 있고, 지구를 한 바퀴 도는 공전주기(항성월)는 $T = 27.3$일이다. 달의 질량을 M_M이라고 하면, 달에 작용하는 원심력은 $M_M R_M \omega^2 (\omega = 2\pi/T)$이고, 이것이 달과 지구 사이에 작용하는 만유인력과 평형을 이루므로

$$M_M R_M \omega^2 = G\frac{M_M M_E}{R_M^{\;2}} \tag{5 • 13}$$

M_E는 지구의 질량으로, 이 식에서

$$
\begin{aligned}
M_E &= \frac{R_M^{\;3}\omega^2}{G} = \frac{R_M^{\;3}}{G}\left(\frac{2\pi}{T}\right)^2 \\
&= \frac{\left(3.84 \times 10^8\right)^3}{6.670 \times 10^{-11}} \times \left(\frac{2\pi}{27.3 \times 24 \times 3600}\right)^2 \\
&= 5.94 \times 10^{24}\,\mathrm{kg}
\end{aligned}
\tag{5 • 14}
$$

이 된다.

3 행성의 운동과 태양의 질량

지구를 비롯한 행성들은 태양 주위를 원에 가까운 궤도로 회전하고 있다. 이 중 궤도 반경이 짧고 태양에 가장 가까운 것은 수성이고 다음으로 금성, 지구, 화성, 목성, 토성, 천왕성, 해왕성 등의 순으로 되어 있다.

| 표 5-1 | 행성의 주요 상수값

행성	궤도 반경비 R/R_E	공전주기 T(년)
수성	0.387	0.241
금성	0.723	0.615
지구	1.000	1.000
화성	1.524	1.881
목성	5.20	11.87
토성	9.57	29.66
천왕성	19.1	83.58
해왕성	30.1	165.3

표 5-1에 지구의 궤도 반경을 기준으로 한 행성의 궤도 반경비와 태양 주위를 일주하는 공전주기를 나타냈다. 지구의 공전주기는 1년, 궤도 반경은 1천문단위라고도 하며 $R_E = 1.495 \times 10^8 \text{km}$ 이다. 표 5-1의 각 행성의 궤도 반경과 공전주기의 관계를 로그 그래프에 그리면, 그림 5-7과 같이 직선이 된다. 그 구배(기울기)로부터

$$T \propto R^{3/2} \qquad\qquad (5 \cdot 15)$$

즉, 행성의 공전주기는 궤도 반경의 3/2승에 비례한다(케플러*의 법칙)는 것을 알 수 있다.

태양의 질량을 M_S라고 하면, 식(5 · 14)를 유도한 것과 같은 계산을 해서,

$$M_S = \frac{R_E{}^3}{G}\left(\frac{2\pi}{T}\right)^2$$

$$= \frac{(1.495 \times 10^{11})^3}{6.670 \times 10^{-11}}$$

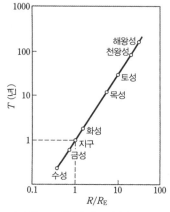

|그림| 5-7 행성의 궤도 반경과 공전주기

* Johannes Kepler (1571~1630)

$$\times \left(\frac{2\pi}{365 \times 24 \times 3600} \right)^2 \qquad (5 \cdot 16)$$

$$= 1.99 \times 10^{30}\,\text{kg}$$

으로, 지구의 33.5만 배의 질량을 가지고 있다.

· 예제 5-7 ·

인공위성

그림 5-8과 같이, (지표로부터) 고도 h만큼 떨어져서 원 궤도를 그리며 돌고 있는 인공위성의 속도와 공전주기는 얼마인가?

풀이

지구의 반경을 R이라고 하면, 질량이 m인 인공위성에 작용하는 원심력의 크기는 $m \times (R+h)\omega^2$이고, 이것이 위성에 작용하는 지구의 인력*

$$G\frac{mM_E}{(R+h)^2} = mg\frac{R^2}{(R+h)^2} \qquad (a)$$

과 평형을 이루므로

$$m(R+h)\omega^2 = mg\left(\frac{R}{R+h}\right)^2 \qquad (b)$$

여기서, 인공위성의 속도는

$$v = (R+h)\omega = R\sqrt{\frac{g}{R+h}} \qquad (c)$$

공전주기는

$$T = \frac{2\pi}{R}\sqrt{\frac{(R+h)^3}{g}} \qquad (d)$$

가 된다.

특히, 고도 0에서 나는 인공위성인 경우는 지구의 반경 $R = 6370\,\text{km}$를 이용해서, 속도는

$$v_I = \sqrt{Rg} = \sqrt{6370 \times 9.81 \times 10^{-3}} = 7.91\,\text{km/s} \qquad (e)$$

공전주기는

$$T_I = 2\pi\sqrt{\frac{R}{g}} = 2\pi\sqrt{\frac{6370}{9.81 \times 10^{-3}}} = 5061\text{초}$$

$$= 1\text{시간 } 24\text{분 } 21\text{초} \qquad (f)$$

가 된다. v_I은 비행물체가 인공위성이라고 할 수 있는 최저의 속도이며 이것을 **제일 우주 속도**(space flight velocity)라고 한다.

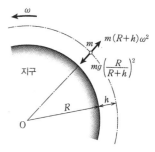

|그림| 5–8 원 궤도를 그리는 인공위성

---

* 지표에 있는 물체에 작용하는 지구의 중력 mg 와 같으므로,

$$G\frac{mM_E}{R^2} = mg$$

여기서

$$\frac{GM_E}{R^2} = g$$의 관계가 있다.

정지위성

지구의 적도 상공을 서쪽에서 동쪽으로 86164초(1항성일)의 주기로 원 궤도를 그리면서 나는 인공위성은, 지구에서 바라보면 마치 상공에 정해 있는 듯이 보이기 때문에 정지위성이라고 부른다. 이 인공위성의 속도와 고도는 얼마인가?

풀이

예제 5-7의 식(d)를 풀면, 고도는

$$h = \sqrt[3]{g\left(\frac{RT}{2\pi}\right)^2} - R$$

$$= \sqrt[3]{9.81 \times 10^{-3}\left(\frac{6370 \times 86164}{2\pi}\right)^2} - 6370$$

$$= 35789.3\,\text{km}$$

속도는

$$v = \frac{2\pi}{T}(R+h) = \frac{2\pi}{86164}(6370 + 35789.3) = 3.07\,\text{km/s}$$

가 된다.

5-1 ▶ 25km/h의 속도로 수평인 궤도상을 달리고 있는 15ton 화물차에 브레이크를 걸었다. 제동력이 화물차에 작용하는 중력의 2%라면 하면, 감속도는 얼마인가? 또한 화물차가 정지할 때까지 얼마나 거리를 달릴까?

5-2 ▶ 크기 F의 힘으로, 길이 l, 질량 m인 체인의 한쪽 끝을 연직으로 끌어올렸다. 이때 체인에 작용하는 가속도와 장력은 얼마인가?

5-3 ▶ 역을 출발한 전철이 가속했더니, 차내 손잡이가 $10°$의 각도로 뒤쪽으로 기울었다. 가속도의 크기는 얼마인가?

5-4 ▶ 다음 그림과 같이 양끝에 가벼운 접시를 단 실을 도르래에 걸고, 각각의 접시에 질량 m의 물체를 실은 후 한쪽 접시에 이것과 같은 질량의 물체를 쌓으면, 접시는 얼마의 가속도로 운동할까?
이때 겹쳐진 두 물체 사이에는 얼마만큼의 힘이 작용할까? (단, 접시와 도르래의 질량은 무시하고 계산하시오.)

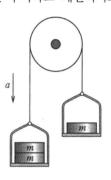

5-5 ▶ $1m/s^2$의 가속도로 상승하고 있는 $120kg$의 기구에서 $8kg$의 모래주머니를 낙하하면, 그 후의 기구의 가속도는 어떻게 변할까? (단, 기구에 작용하는 공기저항은 무시하고 계산하시오.)

5-6 길이 40cm의 실의 양끝에 공을 단 원뿔 진자가 연직선과 55°의 각도로 회전하고 있다. 이때의 진자의 회전수와, 실에 작용하는 장력은 얼마인가?

5-8 달의 반경은 1740km이고, 질량은 지구의 약 1/80이다. 달의 표면에서 고도 30km 떨어진 고도에서 우주선이 원궤도를 그리며 비행하는 데 소요되는 시간은 얼마인가?

5-7 달이 지구 주위를 회전하는 궤도의 반경은 지구의 반경 R, 지구 표면에서의 중력가속도 g, 달의 공전주기 T에 의해

$$R_M = \sqrt[3]{\left(\frac{RT}{2\pi}\right)^2 g}$$

가 되는 것을 설명하여라. 여기서, $R = 6370\,km$, $T = 27.3$일을 이용하여 궤도 반경을 구하여라.

강체의 운동

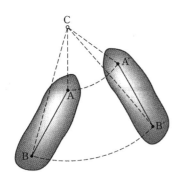

(a)

(b)

|그림| 6-1 강체의 평면 운동

C

|그림| 6-2 강체운동의 순간 중심

1 강체의 평면운동

강체의 대칭면이나 무게 중심을 포함한 평면 내에 힘이 작용하면 내부의 점은 모두 그 평면에 평행한 평면운동을 한다. 또한, 기계에서 복잡하게 보이는 운동도 특별한 경우를 제외하면 대부분이 평면운동에 해당한다.

강체의 평면운동에는 강체 내의 모든 점이 동일한 속도와 가속도로 평행하게 이동하는 **병진운동**(translation)과, 강체 내의 한 점을 중심으로 회전하는 **회전운동**(rotation)이 있다. 일반적인 운동은 이 두 가지 운동을 합성해서 얻어진다.

예를 들면, 그림 6-1에 나타낸 강체 내의 선분 AB가 A′B′의 위치까지 이동한 경우, 그림(a)와 같이, 우선 AB가 A*B*까지 병진운동한 후, 회전해서 A′B′까지 이동했다고 생각할 수 있다. 또한, 이 순서와는 반대로, 그림(b)와 같이 우선 AB가 A**B**까지 회전한 후, A′B′로 평행 이동을 했다고 생각하면 된다.

또는, 이러한 합성운동을 생각하지 않고 그림 6-2과 같이 두 개의 선분 AA′, BB′의 수직 이등분선의 교점 C를 중심으로 한 회전운동만으로 직접 AB를 A′B′로 이동시킬 수도 있다. 강체의 임의의 평면 운동은 이와 같은 점 C를 중심으로 하는 순간적인 회전운동이 연속되는 것이라고 생각할 수 있으며, 이 점을 **순간 중심**(instantaneous center)이라고 한다.

2 속도와 가속도

평면운동을 하고 있는 강체 내의 임의의 두 점 A, B의 속도를 v_A, v_B라고 하면, 그림 6-3과 같이 이 두 점에서 각각의 속도 벡터에 수직인 수선 교점 C가 순간 중심이며, 이 점에서의 각속도는

$$\omega = \frac{v_A}{\overline{CA}} = \frac{v_B}{\overline{CB}} \qquad (6 \cdot 1)$$

로 주어진다. 그리고 이때 강체 내의 점 P 의 속도는 직선 CP 에 수직으로,

$$v_P = \omega \cdot \overline{CP} \qquad (6 \cdot 2)$$

의 크기를 가지고 있다.

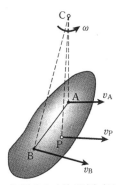

|그림| 6-3 순간 중심과 속도

그림 6-4와 같이 평면운동을 하고 있는 물체 내의 어떤 점 A가 속도 v_A 로 운동하고, 이 점 주위를 다른 점 B가 각속도 ω 로 회전할 때, A점에 대한 상대속도는 $v_{BA} = \overrightarrow{r\omega}$ 이고 (정지 좌표계에 대해) B점은

$$v_B = v_A + v_{BA}$$

의 속도로 운동한다.

A점이 α_A 의 가속도를 가지고, B점이 이 A점 주위를 각속도 ω, 각가속도 α 로 회전하는 경우는 그림 6-5와 같이, B점은 A점에 대해 상대적인 접선가속도 $a_{t,BA} = \overrightarrow{r\alpha}$ 과, 법선가속도 $a_{n,BA} = \overrightarrow{r\omega^2}$ 을 갖는다. 그 결과, (정지좌표계에 대한) B점의 가속도는

$$\alpha_B = \alpha_A + a_{t,BA} + a_{n,BA} \qquad (6 \cdot 4)$$

가 된다.

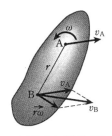

|그림| 6-4 강체의 속도

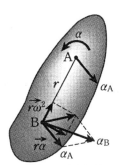

|그림| 6-5 강체의 가속도

• 예제 6-1 •

타이어의 대지속도

그림 6-6에 나타낸 속도 v 로 주행하고 있는 자동차의 타이어 표면의 점은, 지면에 대해 얼마만큼의 속도를 갖는가?

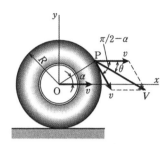

|그림| 6-6 타이어의 대지속도

타이어가 미끄러지지 않고 굴러갈 때, 타이어 표면 P에서 바퀴의 중심 O에 대한 상대속도는 자동차의 속도 v의 크기와 같고, 타이어의 접선 방향을 향하고 있다. 따라서 P점에서의 대지속도의 성분은

$$\begin{cases} V_x = v + v\cos\left(\dfrac{\pi}{2} - \alpha\right) = v(1 + \sin\alpha) \\ V_y = -v\sin\left(\dfrac{\pi}{2} - \alpha\right) = -v\cos\alpha \end{cases} \tag{a}$$

이고, 여기서 크기는

$$V = \sqrt{v^2(1 + \sin\alpha)^2 + v^2\cos^2\alpha} = v\sqrt{2(1 + \sin\alpha)} \tag{b}$$

노면과의 사이의 각도는

$$\theta = -\tan^{-1}\left(\frac{\cos\alpha}{1 + \sin\alpha}\right) \tag{c}$$

가 된다. 대지속도는 타이어의 가장 높은 점($\alpha = \pi/2$)에서 자동차 속도의 2배가 되고 가장 낮은 접지점($\alpha = -\pi/2$)에서 제로가 된다.

6-2 고정축에서의 회전운동

그림 6-7과 같이 어떤 고정축 OO′주위를 회전하는 강체의 회전운동을 생각해 보자. 이때 강체 내부의 각 점은 축에 수직인 평면 내에서 원운동을 한다. 강체가 각가속도 α로 회전할 때는, 반경 r_i에 있는 질량 m_i의 작은 부분은 크기 $r_i\alpha$의 원주 방향의 가속도를 가지며, 이것에 작용하는 원주 방향의 힘을 f_i 라고 하면, 운동의 제2법칙에 의해,

$$m_i r_i \alpha = f_i \tag{6 \cdot 5}$$

가 성립한다. 이 힘에 의해 OO′축에서의 모멘트는

$$m_i r_i^2 \alpha = f_i r_i \tag{6 \cdot 6}$$

이며, 강체 전체에서는

$$\left(\sum m_i r_i^2\right)\alpha = \sum f_i r_i \tag{6 \cdot 7}$$

|그림| 6-7 고정축에서의 강체의 회전

가 된다. $\sum f_i r_i$는 작은 부피에 작용하는 힘에 의한 OO'축 주위 모멘트의 총합으로, 외부로부터 강체에 작용하는 토크 T와 같다. 또한, 좌변의 $\sum m_i r_i^2$를 적분 형태로,

$$I = \int r^2 dm \tag{6 • 8}$$

이라고 쓰면, 식(6 • 7)의

$$I\alpha = T$$

가 된다. I는 이 물체의 OO'축에서의 회전에 관한 관성을 나타내는 양으로, 이것을 **관성 모멘트**(moment of inertia)라고 한다. 식(6 • 9)는 강체의 회전운동 방정식이며, 직선운동 방정식(5 • 1)에 상응한다. 강체에 작용하는 토크가 일정할 때, 강체에 발생하는 각가속도는 관성 모멘트에 반비례한다. 즉, 관성 모멘트가 큰 회전체일수록 가속이나 감속하기가 어려워진다.

• 예제 6-2 •

플라이휠의 가속

관성 모멘트가 $5.0\,\mathrm{kg \cdot m^2}$인 플라이휠을 정지된 상태에서 회전시켜 40초간 300rpm까지 가속하기 위해서는 얼마만큼의 토크가 필요한가?

풀이

플라이휠의 각가속도는

$$\alpha = \frac{1}{40}\left(\frac{\pi}{30} \times 300\right) = \frac{\pi}{4}\,\mathrm{rad/s^2}$$

식(6 • 9)에 의해, 이 사이에 필요한 토크는

$$T = 5.0 \times \frac{\pi}{4} = 3.9\,\mathrm{N \cdot m}$$

이 된다.

• 예제 6-3 •

드럼에 매달린 물체

그림 6-8과 같이 반경 R, 관성 모멘트 I의 드럼에 줄을 감고, 그 끝에 질량이 m인 물체를 매달면 드럼과 물체는 어떤 운동을 할까?

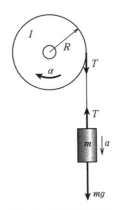

|그림| 6-8 드럼에 매달린 물체

매달린 물체의 가속도를 a, 줄에 작용하는 장력을 T라고 하면 물체의 운동 방정식은

$$ma = mg - T \tag{a}$$

드럼의 회전운동 방정식은

$$I\alpha = TR \tag{b}$$

로, 드럼의 각가속도 a와 물체의 가속도 사이에는

$$a = R\alpha \tag{c}$$

의 관계가 있다. 식(b)와 식(c)에 의해 얻어진 장력 $T = (I/R^2)a$의 값을, 식(a)에 대입해서,

$$ma = mg - \frac{I}{R^2}a$$

이 식에서 가속도 a를 풀어

$$a = \frac{g}{1 + I/mR^2} \tag{d}$$

가 된다.

6-3 관성 모멘트

1 관성 모멘트

앞 절에서 설명한 것과 같이 강체를 구성하는 작은 요소의 질량 m_i와, 어떤 축에서 그 미소요소까지의 거리 r_i의 제곱과의 곱을 강체 전체로 더하면

$$I = \sum m_i r_i^2 \tag{6 • 10}$$

또는, 이것을 적분형으로 나타낸 식(6 • 8)의 I를 이 축에서의 관성 모멘트라고 한다.

강체의 전체 질량을 M으로 하면, 관성 모멘트는

$$I = Mk^2, \ \ k = \sqrt{\frac{I}{M}} \tag{6 • 11}$$

라고 쓸 수 있다. k는 회전축에서의 관성 모멘트를 일정하게 한 상태로 전체 질량이 한 점에 집중되었다고 생각했을 때의 축에서 이 점까지의 거리로, 이것을 그 축에서의 **회전 반경**(radius gyration)이라고 한다. 정의에 의해 관성 모멘트는 kg · m^2, 회전 반경은 m 단위로 측정된다.

공학상의 문제에는, 질량을 대신하며 면적에 관한 관성 모멘트

$$I = \int r^2 dA \tag{6 • 12}$$

가 자주 사용된다. dA는 축에서 r의 거리에 있는 면적 요소이다. 전체 면적을 A라고 하면,

$$I = Ak^2, \ k = \sqrt{\frac{I}{A}} \tag{6 • 13}$$

이며, 이 I를 **단면 이차 모멘트**(second moment of area)라고 하고, k를 **단면 이차 반경**(radius of gyration of area)이라고 한다. 단면 이차 모멘트는 m^{4}의 단위를 가진다.

2 관성 모멘트에 관한 정리

관성 모멘트를 계산하기 위해 다음의 두 가지 정리가 자주 이용된다.

(1) 평행축 정리

물체(질량 M)의 어느 축에서의 관성 모멘트를 I, 두 물체의 무게 중심 G를 지나고 그 축에 평행한 축에서의 관성 모멘트를 I_G라고 하고, 양축 사이의 거리를 d라고 하면,

$$I = I_G + Md^2 \tag{6 • 14}$$

의 관계가 있다.

이것을 설명하기 위해 그림 6–9와 같이 무게 중심을 지나는 축에 수직인 평면을 생각하고, 양 축과의 교점 O, G를 각각 원점으로 하는 평행한 직교좌표계 O − xy,

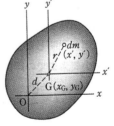

|그림| 6–9 평행축 정리

$G - x'y'$를 잡는다. 물체의 작은 요소의 질량을 dm, 이들의 좌표계에 대한 좌표를 각각 (x, y), (x', y')로 하고, 무게 중심의 x, y 좌표를 (x_G, y_G)라고 하면,

$$I = \int (x^2 + y^2)dm = \int \left[(x_G + x')^2 + (y_G + y')^2\right]dm$$
$$= \int \left(x_G{}^2 + y_G{}^2\right)dm + 2x_G \int x'dm + 2y_G \int y'dm$$
$$+ \int \left(x'^2 + y'^2\right)dm \qquad (6 \cdot 15)$$

무게 중심의 정의에 의해,

$$\int x'dm = 0, \quad \int y'dm = 0 \qquad (6 \cdot 16)$$

이고, $x_G{}^2 + y_G{}^2 = d^2, x'^2 + y'^2 = r^2$ (r은 G와 dm 사이의 거리)이므로 식(6 • 15)는 $I = Md^2 + I_G$가 되고, 식(6 • 14)가 유도된다. O축과 G축에서의 회전반경을 각각 k, k_G라고 하면 식(6 • 14)에 의해

$$k^2 = k_G^2 + d^2 \qquad (6 \cdot 17)$$

이 된다.

(2) 직교축 정리

평면판상의 임의의 점 O을 지나고, 이것에 수직인 축에서의 판의 관성 모멘트 I_P는, O점을 지나 그 평면 내에서 직교하는 두 직선에서의 관성 모멘트 I_x와 I_y의 합과 같다. 즉,

$$I_P = I_x + I_y \qquad (6 \cdot 18)$$

이와 같이, 면에 수직인 관성 모멘트를 **극관성 모멘트**(polar moment of inertia)라고 한다.

그림 6-10에서 $r^2 = x^2 + y^2$, 따라서

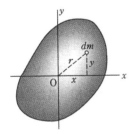

|그림| 6-10 직교축 정리

$$I_P = \int r^2 dm = \int y^2 dm + \int x^2 dm = I_x + I_y$$

가 된다.

3 간단한 물체의 관성 모멘트

실제 문제에 자주 나오는 간단한 모양을 한 물체의 관성 모멘
트를 계산해 보자.

• 예제 6-4 •

가는 직선 봉

그림 6-11에 나타낸 길이 l, 질량 M의 가는 직선 봉의
관성 모멘트와 회전 반경을 구하시오.

풀이

직선 봉의 중심(무게 중심) G에서 측정한 길이를 x라고 하면, 미소 길
이 dx의 질량은 $(M/l)dx$이므로, 무게 중심을 지나는 직선 봉에 수직
인 yy축에서의 관성 모멘트는

$$I_y = \int_{-l/2}^{l/2} \frac{M}{l} x^2 dx = \frac{2M}{l} \int_0^{l/2} x^2 dx = \frac{1}{12} M l^2 \qquad (a)$$

회전 반경은

$$k_y = \sqrt{\frac{I_y}{M}} = \frac{l}{2\sqrt{3}} \qquad (b)$$

이다. 평행축의 정리[식(6·14)]에 의해, 직선 봉의 한 끝을 지나고 이
것과 수직인 $y'y'$축에서의 관성모멘트는

$$I_{y'} = I_y + M\left(\frac{l}{2}\right)^2 = \frac{1}{12} M l^2 + \frac{1}{4} M l^2 = \frac{1}{3} M l^2 \qquad (c)$$

회전 반경은

$$k_{y'} = \sqrt{\frac{I_{y'}}{M}} = \frac{1}{\sqrt{3}} \qquad (d)$$

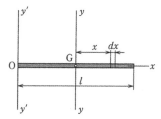

|그림| 6-11 직선 봉의 관성 모멘트

• 예제 6-5 •

직사각형 판

그림 6-12에 나타낸 질량이 M, 변의 길이가 $a \times b$인 얇

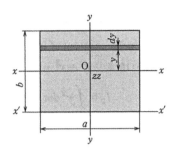

|그림| 6-12 직사각형 판의 관성 모멘트

은 직사각형 판의 관성 모멘트와 회전 반경을 구하시오.

풀이

직사각형 판을 그림과 같이 무게 중심을 지나는 xx축에 평행한 폭 dy 의 가는 띠 모양의 면적으로 나누면, 이 부분의 질량은 $(M/ab)ady$이므로 xx축에서의 관성 모멘트는

$$I_x = \int_{-b/2}^{b/2} \frac{M}{b} y^2 dy = \frac{1}{12}Mb^2 \tag{a}$$

회전 반경은

$$k_x = \sqrt{\frac{I_x}{M}} = \frac{b}{2\sqrt{3}} \tag{b}$$

같은 방법으로 무게 중심을 지나고 이것과 수직인 yy축에서의 관성 모멘트와 회전 반경은

$$I_y = \frac{1}{12}Ma^2 \tag{c}$$

및

$$k_y = \frac{a}{2\sqrt{3}} \tag{d}$$

이다. 직교축 정리에 의해 무게 중심을 지나고 판에 수직인 zz축에서의 극관성 모멘트는

$$I_z = I_x + I_y = \frac{1}{12}M(a^2 + b^2) \tag{e}$$

회전 반경은

$$k_z = \sqrt{\frac{I_z}{M}} = \frac{\sqrt{a^2 + b^2}}{2\sqrt{3}} \tag{f}$$

또한, 평행축 정리에 의해 판의 한 변($x'x'$축)에서의 관성 모멘트는

$$I_{x'} = I_x + M\left(\frac{b}{2}\right)^2 = \frac{1}{3}Mb^2 \tag{g}$$

회전 반경은

$$k_{x'} = \sqrt{\frac{I_{x'}}{M}} = \frac{b}{\sqrt{3}} \tag{h}$$

이다.

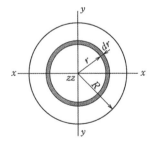

그림| 6-13 원판의 관성 모멘트

• 예제 6-6 •

원판

그림 6-13에 나타낸 반경이 R, 질량이 M인 얇은 원판의 중심을 지나는 축에서의 관성 모멘트와 회전 반경을 구하시오.

풀이

그림과 같이 원판을 반경 r, 폭 dr의 얇은 링 형상의 면적으로 나누면, 이 부분의 질량은 $(M/\pi R^2)2\pi r dr$이므로 중심을 지나고 원판에 수직인 zz축에서의 극관성 모멘트는

$$I_P = \int_0^R r^2 \frac{M}{\pi R^2} 2\pi r dr = \frac{2M}{R^2} \int_0^R r^3 dr = \frac{1}{2}MR^2 \tag{a}$$

회전 반경은

$$k_P = \sqrt{\frac{I_P}{M}} = \frac{R}{\sqrt{2}} \tag{b}$$

중심을 지나고 서로 직교하는 xx축과 yy축에서의 관성 모멘트는 $I_P = I_x + I_y$에서

$$I_x = I_y = \frac{1}{2}I_P = \frac{1}{4}MR^2 \tag{c}$$

회전 반경은

$$k_x = k_y = \frac{R}{2} \tag{d}$$

가 된다.

• 예제 6-7 •

원기둥

그림 6-14에 나타낸 질량이 M, 반경이 R, 높이가 h인 원기둥의 무게 중심을 지나는 xx축과 zz축에서의 관성 모멘트를 구하시오.

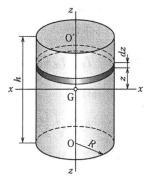

|그림| 6-14 원기둥의 관성 모멘트

풀이

그림과 같이 원기둥의 무게 중심에서 z의 거리에 있는 두께 dz의 얇은 원판을 생각한다. 이 원판의 질량은 $(M/h)dz$이므로 예제 6-6의 식(c)에 의해 그 직경에서의 관성 모멘트는

$$dI = \frac{R^2}{4}dM = \frac{MR^2}{4h}dz$$

따라서 평행축 정리에 의해 이 얇은 원판의 xx축에서의 관성 모멘트는

$$dI_x = dI + z^2 dM = \frac{MR^2}{4h}dz + \frac{M}{h}z^2 dz$$

원판 전체로 적분해서

$$I_x = \int_{-h/2}^{h/2} \left(\frac{MR^2}{4h} + \frac{M}{h}z^2 \right) dz = \frac{2M}{h} \left| \frac{R^2}{4}z + \frac{1}{3}z^3 \right|_0^{h/2} \tag{a}$$

$$= M\left(\frac{R^2}{4} + \frac{h^2}{12} \right)$$

가 된다.

zz축에서의 관성 모멘트는 얇은 원판의 극관성 모멘트

$$dI_P = \frac{R^2}{2}dM = \frac{MR^2}{2h}dz$$

를 원기둥 전체로 적분하면

$$I_z = \int_{-h/2}^{h/2} \frac{MR^2}{2h}dz = M\frac{R^2}{2} \tag{b}$$

이 되어서 원기둥의 높이와는 직접 상관이 없다.

· 예제 6-8 ·

구

질량이 M, 반경이 R인 구의 직경에서의 관성 모멘트를 구하시오.

풀이

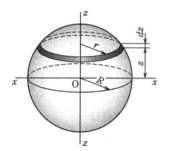

|그림| 6-15 구의 관성 모멘트

그림 6-15에 나타낸 두께 dz의 얇게 절단된 조각을 생각한다. 이 절단된 조각은

반경 $r = \sqrt{R^2 - z^2}$

질량 $dM = \dfrac{M}{(4\pi/3)R^3}\pi r^2 dz$

인 원판으로 생각할 수 있으므로, 그 극관성 모멘트 $(r^2/2)dM$을 전부 합하면

$$I_z = 2\int_0^R \frac{r^2}{2}dM = \frac{3}{4}\frac{M}{R^3}\int_0^R (R^2 - z^2)^2 dz = \frac{2}{5}MR^2 \tag{a}$$

이 된다.

| 표 6–1 | 간단한 모양을 한 물체의 관성 모멘트

(a) 가는 직선 봉	(b) 가는 원 테두리
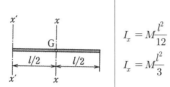 $I_x = M\dfrac{l^2}{12}$ $I_x = M\dfrac{l^2}{3}$	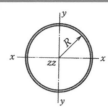 $I_x = I_y = M\dfrac{R^2}{2}$ $I_z = MR^2$
(c) 직사각형 판	(d) 삼각형판
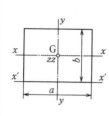 $I_x = M\dfrac{b^2}{12}$ $I_y = M\dfrac{a^2}{12}$ $I_z = M\dfrac{a^2+b^2}{12}$ $I_{x'} = M\dfrac{b^2}{3}$	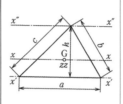 $I_x = M\dfrac{h^2}{18}$ $I_z = M\dfrac{a^2+b^2+c^2}{36}$ $I_{x'} = M\dfrac{h^2}{6}$ $I_{x''} = M\dfrac{h^2}{2}$
(e) 원판	(f) 환형판
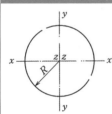 $I_x = I_y = M\dfrac{R^2}{4}$ $I_z = M\dfrac{R^2}{2}$	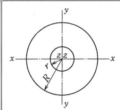 $I_x = I_y = M\dfrac{R^2+r^2}{4}$ $I_z = M\dfrac{R^2+r^2}{2}$
(g) 부채꼴판	(h) 타원판
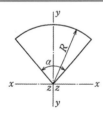 $I_x = M\dfrac{R^2}{4}\left(1+\dfrac{\sin\alpha}{\alpha}\right)$ $I_y = M\dfrac{R^2}{4}\left(1-\dfrac{\sin\alpha}{\alpha}\right)$ $I_z = M\dfrac{R^2}{2}$	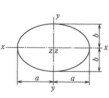 $I_x = M\dfrac{b^2}{4}$ $I_y = M\dfrac{a^2}{4}$ $I_z = M\dfrac{a^2+b^2}{4}$
(ㅣ) 직육면체	(j) 원기둥
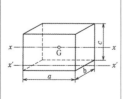 $I_x = M\dfrac{b^2+c^2}{12}$ $I_x = M\left(\dfrac{b^2}{12}+\dfrac{c^2}{3}\right)$	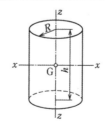 $I_x = M\left(\dfrac{R^2}{4}+\dfrac{h^2}{12}\right)$ $I_z = M\dfrac{R^2}{2}$

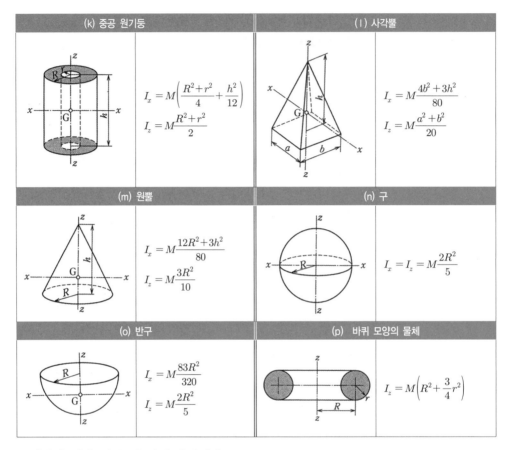

(k) 중공 원기둥	(l) 사각뿔
$I_x = M\left(\dfrac{R^2+r^2}{4}+\dfrac{h^2}{12}\right)$ $I_z = M\dfrac{R^2+r^2}{2}$	$I_x = M\dfrac{4b^2+3h^2}{80}$ $I_z = M\dfrac{a^2+b^2}{20}$
(m) 원뿔	(n) 구
$I_x = M\dfrac{12R^2+3h^2}{80}$ $I_z = M\dfrac{3R^2}{10}$	$I_x = I_z = M\dfrac{2R^2}{5}$
(o) 반구	(p) 바퀴 모양의 물체
$I_x = M\dfrac{83R^2}{320}$ $I_z = M\dfrac{2R^2}{5}$	$I_z = M\left(R^2+\dfrac{3}{4}r^2\right)$

구체적인 계산 예를 몇 가지 추가한다.

• 예제 6-9 •

U자 막대기

그림 6-16에 나타낸 질량이 M인 가늘고 일정한 굵기의 U자 막대기의 xx축과 zz축에서의 관성 모멘트는 얼마인가?

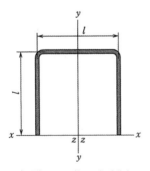

|그림| 6-16 가는 U자 막대기

풀이

각 직선 부분의 질량은 $M/3$이므로 xx축에서의 관성 모멘트는

$$I_x = 2\times\frac{M}{3}\frac{l^2}{3}+\frac{M}{3}l^2 \qquad\text{(a)}$$
$$= \frac{5}{9}Ml^2$$

yy축에서의 관성 모멘트는

$$I_y = 2 \times \frac{M}{3}\left(\frac{l}{2}\right)^2 + \frac{M}{3}\frac{l^2}{12} \qquad\qquad (b)$$

$$= \frac{7}{36}Ml^2$$

zz축에서의 관성 모멘트는 이 두 개를 더해서

$$I_z = I_x + I_y = \frac{5}{9}Ml^2 + \frac{7}{36}Ml^2 = \frac{3}{4}Ml^2 \qquad\qquad (c)$$

이 된다.

• 예제 6-10 •

플라이휠

그림 6-17에 나타낸 주철제 플라이휠의 전체 질량을 산출하고 회전축에서의 관성 모멘트와 회전 반경을 구하시오.

풀이

플라이휠의 전체 질량과 관성 모멘트는 림, 웹, 허브(보스)의 각 부분의 합과 같다. 주철의 밀도는 약 $7.2 \times 10^{-3}\,\mathrm{kg/cm^3}$이므로 각 부분의 질량은

$$M_R = 7.2 \times 10^{-3} \times 16 \times \frac{\pi}{4}\left(90^2 - 74^2\right) = 237.3\,\mathrm{kg}$$

$$M_w = 7.2 \times 10^{-3} \times 2 \times \frac{\pi}{4}\left(74^2 - 12^2\right) = 60.3\,\mathrm{kg}$$

$$M_B = 7.2 \times 10^{-3} \times 8 \times \frac{\pi}{4}\left(12^2 - 4^2\right) = 5.8\,\mathrm{kg}$$

따라서 전체 질량은

$$M = 237.3 + 60.3 + 5.8 = 303.4\,\mathrm{kg}$$

각 부분의 관성 모멘트는 표 6-1의 (f)에 의해

$$I_R = 237.3 \times \frac{45^2 + 37^2}{2} = 40.3 \times 10^4\,\mathrm{kg \cdot cm^2}$$

$$I_w = 60.3 \times \frac{37^2 + 6^2}{2} = 4.2 \times 10^4\,\mathrm{kg \cdot cm^2}$$

$$I_B = 5.8 \times \frac{6^2 + 2^2}{2} = 116\,\mathrm{kg \cdot cm^2}$$

합해서,

$$I = 40.3 + 4.2 + 0.0 = 44.5\,\mathrm{kg \cdot m^2}$$

림 부의 관성 모멘트가 현격히 크다는 것을 알 수 있을 것이다.
회전 반경은

$$R = \sqrt{\frac{44.5 \times 10^4}{303}} = 38.3\,\mathrm{cm}$$

이다.

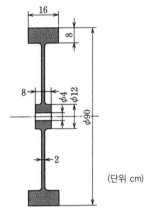

(단위 cm)

|그림| 6-17 플라이휠

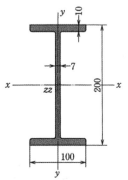

|그림| 6-18 I형 단면의 이차 모멘트

I형 단면의 단면 이차 모멘트

그림 6-18에 나타낸 I형 단면의 면적과 세 직교축에 관한 단면 이차 모멘트를 계산하고, 이것과 외형 치수가 같은 직사각형 단면의 값과 비교해 보자.

풀이

I형 단면의 면적은

$$A = 10 \times 20 - 9.3 \times 18 = 200 - 167.4$$
$$= 32.6 \, \text{cm}^2$$

이고, 직사각형 단면의 면적 $A^{(R)} = 200 \, \text{cm}^2$의 약 1/6.1이다. 이에 대해 단면 이차 모멘트는

$$I_x = \frac{1}{12} \times 10 \times 20^3 - \frac{1}{12} \times 9.3 \times 18^3 = 2147 \, \text{cm}^4$$

$$I_y = \frac{1}{12} \times 2 \times 10^3 + \frac{1}{12} \times 18 \times 0.7^3 = 167 \, \text{cm}^4$$

$$I_z = 2147 + 167 = 2314 \, \text{cm}^4$$

이고, 직사각형 단면의 값

$$I_x^{(R)} = \frac{1}{12} \times 10 \times 20^3 = 6667 \, \text{cm}^4$$

$$I_y^{(R)} = \frac{1}{12} \times 20 \times 10^3 = 1667 \, \text{cm}^4$$

$$I_z^{(R)} = 6667 + 1667 = 8334 \, \text{cm}^4$$

에 비해 I_x는 1/3.1, I_z는 1/3.6에 지나지 않는다.

6-4 강체의 평면운동 방정식

물체의 대칭면 또는 무게 중심을 포함한 하나의 평면 내에서 이것에 몇 개의 힘이 작용할 때, 물체는 평면운동을 한다. 물체에 작용하는 대부분의 힘은, 그 무게 중심에 작용하는 합력 F와, 무게 중심에서의 합력 모멘트 $M = Fl$로 바꿀 수 있지만 (2-3절 참조), 이 힘 F로 물체의 병진운동이 결정되고, 모멘트 M으로 무게 중심에서의 회전운동이 결정된다.

즉, 물체의 질량을 m이라고 하면 무게 중심의 운동 방정식은

$$ma = F \qquad (6 \cdot 19)$$

무게 중심에서의 관성 모멘트를 I라고 하면 회전운동 방정식은

$$I\alpha = M \qquad (6 \cdot 20)$$

이며, 이 한 쌍의 연립방정식을 푸는 것으로 물체의 평면운동이 결정된다. 간단한 예를 통해 계산해 보자.

• 예제 6-12 •

실에 감긴 원판

질량 m, 반경 R인 원판에 실을 감고, 그림 6-19와 같이 실의 한쪽 끝을 고정하고 원판을 놓으면 원판은 어떤 운동을 하는가?
이때 실에 작용하는 장력은 얼마인가?

풀이

이 원판에는 연직 방향으로 중력 mg와 실의 장력 T가 작용한다. 따라서 무게 중심의 운동방정식은

$$ma = mg - T \qquad \text{(a)}$$

무게 중심에서의 회전운동 방정식은

$$I\alpha = TR \ \left(I = \frac{1}{2}mR^2\right) \qquad \text{(b)}$$

이 된다. 이 경우, 무게 중심의 가속도와 회전의 각가속도 사이에는 $a = R\alpha$의 관계가 성립하므로, 이것을 식(a)에 대입해서 얻은 식과 식 (b)에서 T를 없애면, 원판의 각가속도

$$a = \frac{2g}{3R} \qquad \text{(c)}$$

가 구해진다. 무게 중심의 가속도는

$$a = \frac{2}{3}g \qquad \text{(d)}$$

로, 자유낙하 가속도의 2/3이다. 또한, 실의 장력은 식(b)에 의해

$$T = I\frac{\alpha}{R} = \frac{1}{2}mR^2\frac{2g}{3R^2} = \frac{1}{3}mg \qquad \text{(e)}$$

가 된다.

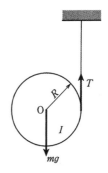

|그림| 6-19 실에 감긴 원판

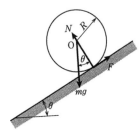

|그림| 6-20 경사면을 구르는 원기둥

• 예제 6-13 •

경사면을 구르는 원기둥

질량 m, 반경 R인 원기둥이 그림 6-20과 같이 수평면과 θ의 각도를 갖는 경사면을 미끄러짐 없이 구를 때의 운동을 알아보자.

풀이

원기둥에는 중력 mg와 경사면의 수직반력 N, 또한 경사면에 따른 마찰력 F(7-1절 참조)가 작용한다. 따라서 경사면 방향에서 무게 중심의 운동방정식은

$$ma = mg\sin\theta - F \tag{a}$$

무게 중심에서의 회전운동 방정식은

$$I\alpha = FR \quad \left(I = \frac{1}{2}mR^2\right) \tag{b}$$

이 된다. 원기둥이 경사면을 미끄러짐 없이 구를 때도, $a = R\alpha$의 관계가 성립하므로 위와 같은 계산에 의해 각가속도는

$$\alpha = \frac{2g}{3R}\sin\theta \tag{c}$$

경사면에 따른 무게 중심의 가속도는

$$a = \frac{2}{3}g\sin\theta \tag{d}$$

로, 원기둥이 매끄러운 경사면을 미끄러져 내려올 때 발생하는 가속도의 2/3이다. 예제 6-12의 실이 경사면으로 바뀌었을 뿐이며 문제의 본질은 변하지 않는다.

6-1 다음 그림에 나타낸 질량이 M인 가는 원 테두리의 $x'x'$축과 $z'z'$축에서의 관성 모멘트를 구하시오.

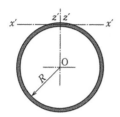

6-3 다음 그림에 나타낸 4개의 구멍을 가진 두께 20mm의 원형 강판

(밀도 $7.8 \times 10^3 \text{kg/m}^3$)의, 면에 수직인 중심축에서의 관성 모멘트는 얼마인가?

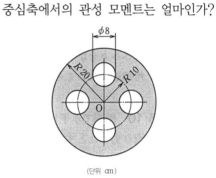

(단위 ㎝)

6-2 다음 그림에 나타낸 얇은 원뿔각의 질량과 축에서의 관성 모멘트를 구하시오.

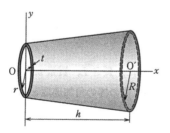

6-4 다음 그림에 나타낸 바와 같이 강철제 크랭크 축에서 회전축의 관성 모멘트를 구하시오. (단, 모퉁이의 가장자리를 떼어 낸 부분은 무시하고 계산해도 상관없다.)

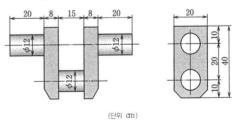

(단위 ㎝)

연습 문제

풀이와 해답 | p.218~220

6-5 다음 그림에 나타낸 L형 단면의 도심을 지나는 xx축과 yy축에서의 단면 이차 모멘트를 구하시오.

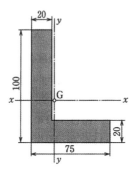

6-6 직경 80cm, 질량 60kg의 그라인더가 300rpm의 속도로 회전하고 있다. 이것에 어떤 금속 조각을 대었더니 25번 회전을 하고 멈췄다. 그라인더에 작용한 토크는 얼마인가?

6-7 수평면과 θ인 각도의 경사면을 질량이 m, 반경이 R인 구가 미끄러짐 없이 구를 때의 가속도는 얼마인가? 원기둥(예제 6-13)과 비교했을 때 어느 쪽의 가속도가 큰가?

6-8 예제 5-2에서 설명한 애트우드의 기계에서, 도르래(반경 R, 관성 모멘트 I)의 관성을 생각하면 어떻게 되는가? (단, 실과 도르래 사이에 상대적인 미끄러짐은 발생하지 않는 것으로 한다.)

6-9 다음 그림에 나타낸 2개의 풀리(벨트 바퀴) A(반경 R_1, 관성 모멘트 I_1)와 B(반경 R_2, 관성 모멘트 I_2)에 벨트를 걸고, 풀리 A를 크기 T의 토크로 구동할 때, 풀리 B의 각가속도는 얼마인가? 또한, 이때 인장 측과 이완 측 벨트에 작용하는 장력의 차이는 얼마인가?

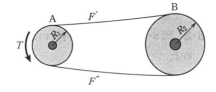

6-10 양끝을 수평으로 지지한 길이가 L, 질량이 m인 직선 봉의 한쪽 지점을 갑자기 없애면, 그 직후에 직선 봉에 작용하는 각가속도와 지점의 반력은 얼마인가?

제 **7** 장 마찰

7-1 미끄럼 마찰

1 정지 마찰

하나의 물체를 다른 물체의 표면에서 미끄러지게 할 때, 그 접촉면에는 운동을 방해하려고 하는 힘이 작용한다. 이 힘을 **마찰력(frictional force)**이라고 한다. 면에 평행한 힘을 가해 정지하고 있는 물체를 미끄러지게 하려고 해도, 힘이 어떤 크기가 될 때까지는 미끄러지지 않는다. 이것은 접촉면에서 힘과 평형을 이루는 마찰력이 작용하고 있기 때문이지만, 그 크기에는 한계가 있어서, 일정한 값을 넘으면 힘의 평형이 깨져 미끄럼이 발생한다. 이때의 마찰력에 대한 설명으로 다음의 **쿨롱*의 법칙**(Coulomb's law)이 있다.

최대 마찰력 F의 크기는 접촉면에 수직으로 작용하는 힘 N에 비례하고, 접촉면의 크기에는 관계가 없다. 즉,

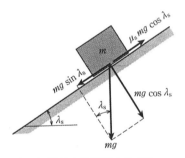

|그림| 7-1 경사면에 놓인 물체

$$F = \mu_s N \qquad (7 \cdot 1)$$

여기서, μ_s는 재질과 접촉면의 상태에 따라 결정되는 상수로, 이것을 **정지 마찰계수(coefficient of static friction)**라고 한다. 정지 마찰계수의 값은 다음과 같은 실험으로 간단하게 구할 수 있다.

그림 7-1과 같이, 질량이 m인 물체를 경사면에 놓고 그 기울기를 점점 크게 하면 이윽고 어떤 각도에서 물체가 면을 따라 미끄러지기 시작한다. 이때의 각도를 λ_s라고 하면, 경사면을 따라 작용하는 중력의 성분과 마찰력의 평형에서

$$mg \sin \lambda_s = \mu_s mg \cos \lambda_s \qquad (7 \cdot 2)$$

가 성립하고, 그 결과

$$\mu_s = \tan \lambda_s \qquad (7 \cdot 3)$$

가 된다. 이 각도 λ_s를 **정지 마찰각(angel of static friction)**이라고 한다.

* Charles Augustin de Coulomb (1736~1806)

접촉면의 성질에 방향성이 없으면, 어느 방향의 힘에 대해서
도 이 관계가 변하지 않기 때문에 수직력 N과 최대 마찰력 F
의 합력은 그림 7-2에 나타낸 꼭지각 $2\lambda_s$의 원뿔을 형성한다.
이 원뿔을 **마찰 원추(Friction cone)**라고 한다. 마찰 원추 내의
방향에 외력이 작용할 때는, 그 크기에 관계없이 물체는 미끄러
지지 않는다.

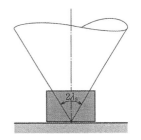

|그림| 7-2 마찰 원추

2 운동 마찰

물체가 서로 접촉하면서 상대운동을 할 때도 마찰력이 작용
한다. 그 크기는 상대 속도의 크기에 따라 다소 차이가 있지만,
실용상 거의 일정하다고 간주할 수 있고, 정지 마찰의 경우와
마찬가지로 다음과 같은 관계가 성립한다.

$$F = \mu_k N \tag{7 • 4}$$

μ_k를 **운동 마찰계수(coefficient of kinetic friction)**라고 한다.
정지 마찰계수에 비해 일반적으로 운동 마찰계수의 값이 작다.

표 7-1과 표 7-2에 보통의 재료의 상온에서의 마찰계수 값
을 나타내었다. 이들은 표면의 거칠기, 윤활의 상태, 온도나 그
밖의 조건에 따라 상당히 달라질 수 있다.

| 표 7-1 | 정지 마찰계수

마찰편	마찰면	μ_s
경강	경강	0.44
	주철	0.18
주철		0.21
돌	금속	0.3~0.4
나무	나무	0.2~0.5
	금속	0.2~0.6
고무	고무	0.5
피혁(가죽)	금속	0.4~0.6
나일론	나일론	0.15~0.25
스키	눈	0.08

일본기계학회 : 기계공학 편람(제6판), p.3-34, 1976.

| 표 7-2 | 운동 마찰계수

마찰편	마찰면	μ_k
경강	경강	0.35~0.40
연강		0.35~0.40
카본		0.21
납, 니켈, 아연		0.40
화이트메탈 켈밋 인청동	연강	0.30~0.35
동	동	1.4
유리	유리	0.7
스키	눈	0.06

일본기계학회 : 기계공학 편람(제6판), p.3-34, 1976.

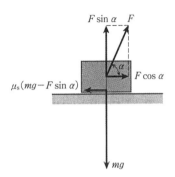

$$F \sin \alpha \quad F$$
$$F \cos \alpha$$
$$\mu_s(mg - F \sin \alpha)$$
$$mg$$

|그림| 7-3 위로 비스듬히 당겨진 물체

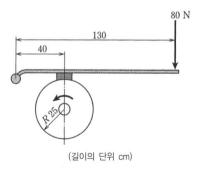

80 N

130

40

R 25

(길이의 단위 cm)

|그림| 7-4 블록 브레이크

· 예제 7-1 ·

바닥면을 미끄러지는 물체

그림 7-3과 같이, 바닥에 놓인 질량 m의 물체를 위로 비스듬히 잡아당겨 미끄러지게 하는 데 필요한 최소의 힘은 얼마인가?

풀이

물체가 미끄러지기 시작할 때 수평 방향에서의 힘의 평형

$$F \cos \alpha = \mu_s (mg - F \sin \alpha)$$

에서, 필요한 힘은

$$F = \frac{\mu_s mg}{\cos \alpha + \mu_s \sin \alpha} \tag{a}$$

가 된다. 정지 마찰각 λ_s를 이용해 다시 쓰면, 이 식의 분모는

$$\cos \alpha + \mu_s \sin \alpha = \cos \alpha + \tan \lambda_s \sin \alpha$$
$$= \frac{1}{\cos \lambda_s} (\cos \lambda_s \cos \alpha + \sin \lambda_s \sin \alpha)$$
$$= \frac{1}{\cos \lambda_s} \cos (\alpha - \lambda_s)$$

가 되므로,

$$\alpha = \lambda_s = \tan^{-1} \mu_s \tag{b}$$

일 때, 힘 F가 최소가 된다. 그리고, 그 크기는

$$F_{\min} = \mu_s mg \cos \lambda_s = mg \sin \lambda_s \tag{c}$$

이다.

· 예제 7-2 ·

블록 브레이크

1분당 200번 회전하고 있는 반경 25cm, 관성 모멘트 $12 \text{kg} \cdot \text{m}^2$의 드럼에, 그림 7-4와 같이 80N의 힘을 가해 브레이크판을 눌렀더니 15초 후에 정지했다. 브레이크판과 드럼 사이의 마찰계수는 얼마인가?

풀이

브레이크판을 드럼에 수직으로 누르는 힘은 $80 \times (130/40) = 260\text{N}$, 브레이크판과 드럼의 운동 마찰계수를 μ_d라고 하면, 드럼에 대한 제동 토크는

$$T = \mu_d \times 260 \times 0.25 = 65 \mu_d \, \text{N} \cdot \text{m}$$

이 된다. 이 경우의 제동 각가속도는

$$\alpha = \frac{1}{15} \times \left(\frac{\pi}{30} \times 200\right) = 1.4 \text{ rad/s}^2$$

이므로, 회전운동의 식(6–9)에 의해

$$12 \times 1.4 = 65 \mu_d$$

이고, 여기서 $\mu_d = 0.26$이 된다.

7-2 구름 마찰

물체가 다른 물체의 위를 미끄러지지 않고 구르는 경우에도, 이것에 저항하는 마찰력이 작용한다. 이것을 **구름 마찰**(rolling friction)이라고 한다. 그 이유를 다음과 같이 설명할 수 있다.

바닥 위를 구르는 반경 a의 회전체를 생각해 보자. 바닥과 회전체가 완전한 강체라면 접촉점에 전혀 변화가 일어나지 않지만, 실제로는 약간이지만, 바닥이나 물체가 변형되고, 그림 7–5와 같이 전방에 작은 융기가 생겨서 어떤 크기의 반력 R이 짧은 거리 f에 있는 A점에 작용한다고 생각할 수 있다. 그리고, 이 반력과 수직력 N, 회전체를 굴리는 힘 F의 세 가지는 서로 평형을 이루고, 반력의 작용선은 회전체의 중심 O를 지난다. 이 경우, A점에서의 모멘트의 평형으로 $Fh = Nf$가 되지만, O점의 높이 h는 회전체의 반경 a와 거의 같으므로, 힘 F는

$$F = f\frac{N}{a} \tag{7 \cdot 5}$$

이 된다. 이 f를 **구름 마찰계수**(coefficient of rolling friction)라고 한다. f는 미끄럼 마찰계수와는 달리 길이의 차원(dimension)을 가지며, 물체나 표면의 상태 등에 따라 매우 다른 값을 나타낸다. 표 7–3에 그 대략적인 값을 나타내었다.

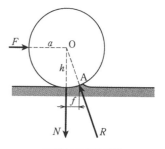

|그림| 7–5 구름 마찰

|표| 7-3 구름 마찰계수

회전체	구름면	f(cm)
강철	강철	0.02~0.04
	나무	0.15~0.25
공기가 주입된 타이어	포장 도로	0.05~0.055
	비포장 도로	0.1~0.15
솔리드 고무 타이어	포장 도로	0.1
	비포장 도로	0.22~0.28

일본기계학회 : 기계공학 편람(제6판), p3-3.5, 1976.

차원을 갖지 않는 f/a는 일반적인 의미의 마찰계수에 해당하지만, 미끄럼 마찰계수에 비해 매우 작은 값이기 때문에 물체를 운반할 경우, 이것을 차에 싣거나 굴림대를 끼워서 운반에 소요되는 힘을 줄이고 있다.

한 대의 기관차로 수십 량의 객차나 화물차를 끌 수 있는 것도 그 예로 생각할 수 있으며, 질량이 큰 기관차가 바퀴와 레일 사이의 미끄럼 마찰을 이용해 큰 견인력을 얻는 것에 반해, 객차나 화차에는 비교적 작은 구름 저항만 작용하기 때문이다.

구름 저항은 물체의 운반뿐만 아니라, 볼베어링이나 나사면에 강구를 삽입한 볼스크류 등 기계 분야에서 널리 이용되고 있다.

· 예제 7-3 ·

기관차의 견인력

질량이 약 55ton인 디젤 기관차가 있다. 바퀴와 레일 사이의 미끄럼 마찰계수가 0.3이고, 차량의 구름 마찰저항이 1ton 당 40N이라고 하면, 이 기관차가 끌 수 있는 화차의 총 질량은 얼마인가?

풀이

끌 수 있는 화차의 총 질량을 M이라고 하면, 기관차의 견인력과 화차에 작용하는 마찰력과의 평형에서

$$0.3 \times 55000 \times 9.81 = 40 \times M$$

으로, 약 $M=4047$ton이 된다.

7-3 경사면의 마찰과 응용

1 경사면

질량이 m인 물체를 기울기가 α인 경사면을 따라 끌어올리는 데 필요한 힘을 구해 보자. 그림 7–6과 같이 물체에 작용하는 중력 mg의 성분 $mg\sin\alpha$는 경사면을 따라 작용하고, 다른 성분 $mg\cos\alpha$는 경사면의 수직반력과 평형을 이룬다. 물체와 경사면 사이의 마찰계수를 μ(첨자 s 또는 k를 생략)라고 하면, 경사면에서 발생하는 마찰력은 $\mu mg\cos\alpha$로, 이 물체를 끌어올리는 데 필요한 힘은

$$F = mg\sin\alpha + \mu mg\cos\alpha \qquad (7 \cdot 6)$$
$$= mg(\sin\alpha + \mu\cos\alpha)$$

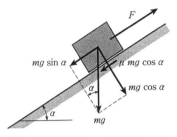

|그림| 7–6 경사면을 따라 끌어올려지는 물체

마찰각을 이용해서 나타내면

$$F = mg(\sin\alpha + \tan\lambda\cos\alpha) \qquad (7 \cdot 7)$$
$$= mg\frac{\cos\lambda\sin\alpha + \sin\lambda\cos\alpha}{\cos\lambda}$$
$$= mg\frac{\sin(\alpha+\lambda)}{\cos\lambda}$$

가 된다.

• 예제 7–4 •

경사면에 놓인 물체를 지탱하는 수평력

위에서 언급한 물체를 수평인 힘으로 지탱하기 위해서는 얼마의 힘이 필요한가?

풀이

그림 7–7과 같이, 필요한 수평력을 H, 경사면의 수직 반력을 N이라고 하면, 경사면 방향과 이것에 직각인 방향의 힘의 평형에서,

$$H\cos\alpha + \mu N = mg\sin\alpha$$
$$N = mg\cos\alpha + H\sin\alpha$$

제2식을 제1식에 대입한 식에서 H를 풀어,

$$H = mg\frac{\sin\alpha - \mu\cos\alpha}{\cos\alpha + \mu\sin\alpha} \qquad (a)$$

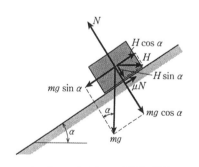

|그림| 7–7 수평력으로 지탱되는 물체

가 구해진다. 마찰각을 이용해서 간단히 하면

$$H = mg\frac{\tan\alpha - \tan\lambda}{1 + \tan\alpha\tan\lambda} = mg\tan(\alpha - \lambda) \tag{b}$$

가 되고, 이 경우에는 경사면의 마찰력이 위쪽으로 작용하고 있어 물체를 끌어올리는 경우와 달리, 그만큼 작은 힘으로도 가능하게 된다.

2 비녀장

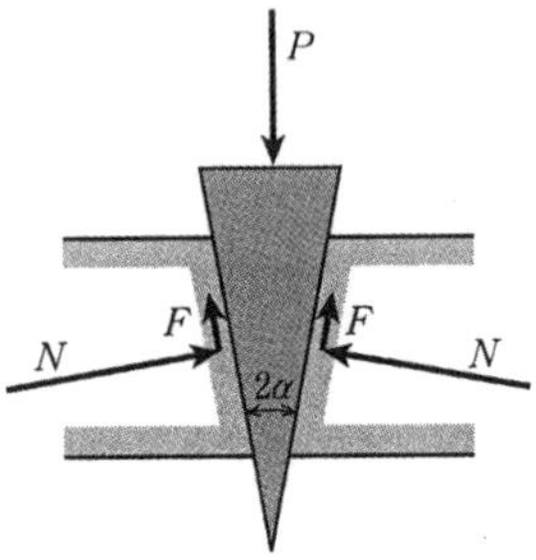

|그림| 7-8 비녀장에 작용하는 힘

그림 7-8과 같이 꼭지각 2α의 비녀장을 크기 P의 힘으로 물체에 박는 경우를 생각해 보자. 비녀장에는 물체로부터의 반작용으로 접촉면에 수직인 반력 N과, 면에 면한 마찰력 F가 좌우 양면에 작용한다. 그리고, 이 힘이 비녀장을 박는 힘과 평형을 이루어

$$P = 2N\sin\alpha + 2F\cos\alpha \tag{7 • 8}$$

가 된다. 비녀장과 물체 사이의 마찰각을 λ라고 하면 $F = N\tan\lambda$로 식(7 • 7)을 유도한 것과 마찬가지로 하면,

$$P = 2N\frac{\sin(\alpha + \lambda)}{\cos\lambda} \tag{7 • 9}$$

이렇게 해서 비녀장을 박은 힘은 물체의 내부에서

$$\frac{N}{P} = \frac{\cos\lambda}{2\sin(\alpha + \lambda)} \tag{7 • 10}$$

배로 확대된다. 비녀장을 뺄 때는 힘 P와 마찰력 F의 부호를 반대로 해서

$$-P' = 2N\sin\alpha - 2F\cos\alpha \tag{7 • 11}$$

로, 그 크기는

$$P' = 2N(\tan\lambda\cos\alpha - \sin\alpha) = 2N\frac{\sin(\lambda - \alpha)}{\cos\lambda}$$

$$\tag{7 • 12}$$

가 된다. 비녀장의 꼭지각이 크고 $\alpha > \lambda$가 되면, $P' < 0$이 되어 비녀장은 자연스럽게 빠진다.

• 예제 7–5 •

비녀장의 힘

꼭지각 $15°$의 비녀장을 $4\,kN$의 힘으로 목재에 박았다. 비녀장과 목재 사이의 마찰계수를 0.2라고 하면, 목재를 가르는 힘은 얼마인가?

풀이

비녀장과 목재 사이의 마찰각은

$$\lambda = \tan^{-1} 0.2 = 11°\,19'$$

이므로, 식(7 • 10)에 의해

$$\frac{N}{P} = \frac{\cos 11°\,19'}{2\sin(7°\,30' + 11°\,19')} = 1.52$$

박는 힘의 1.52배인 $6.1kN$의 힘이 작용한다.

• 예제 7–6 •

무거운 블록의 밀어 올림

그림 7–9(a)에 나타낸 질량 $M = 1.2\,ton$의 블록을 꼭지각 $\alpha = 5°$인 비녀장 두 개를 이용해 밀어 올렸다. 각 접촉면의 마찰계수가 모두 $\mu = 0.25$라고 하면, 비녀장을 박는 데 필요한 힘을 얼마인가?

풀이

블록과 이것에 접촉하는 비녀장의 면에는 그림(b)에 나타낸 수직반력과 마찰력이 작용한다. 우선, 블록에 작용하는 힘의 수평과 연직 방향의 평형에서

$$N_1 = \mu N_2,$$
$$N_2 - \mu N_1 = Mg \tag{a}$$

비녀장에 작용하는 힘의 평형에서

$$\mu N_2 + N_3 \sin\alpha + \mu N_3 \cos\alpha = P$$
$$N_2 + \mu N_3 \sin\alpha = N_3 \cos\alpha \tag{b}$$

가 성립한다. 이 네 개의 식에서 힘 N_1, N_2, N_3를 없애면

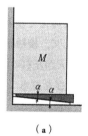

(a)

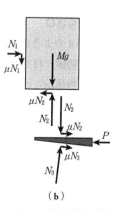

(b)

|그림| 7–9 블록의 밀어 올림

$$P = Mg\frac{(1-\mu^2)\sin\alpha + 2\mu\cos\alpha}{(1-\mu^2)(\cos\alpha - \mu\sin\alpha)} \tag{c}$$

가 되고 마찰각을 이용해서 계산하면

$$P = Mg\frac{(1-\tan^2\lambda)\sin\alpha + 2\tan\lambda\cos\alpha}{(1-\tan^2\lambda)(\cos\alpha - \tan\lambda\sin\alpha)} \tag{d}$$

$$= Mg\frac{\cos\lambda\sin(\alpha + 2\lambda)}{\cos2\lambda\cos(\alpha + \lambda)}$$

가 된다. 이 경우에서의 마찰각은 $\lambda = \tan^{-1}0.25 = 14°02'$로

$$P = 1.2 \times 9.81 \times \frac{\cos14°02'\sin(5° + 28°04')}{\cos28°04'\cos(5° + 14°02')} = 7.48\,\text{kN}$$

이 되어 힘의 증폭률은 $Mg/P = 1.57$배이다.

3 나사

나사(screw)는 원기둥에 경사면을 휘감은 것이라고 휘감은 것이라고 생각할 수 있으므로, 나사에 작용하는 힘은 경사면의 힘의 관계와 같다. 나사의 유효직경을 d, 피치를 p라고 하면 기울기 각도는

|그림| 7-10 나사의 원리

$$\tan\alpha = \frac{p}{\pi d} \tag{7 · 13}$$

로 계산된다(그림 7-10 참조). 나사에 작용하는 축력 Q에 역행하여 나사를 감는 데 필요한 힘 P는

$$\left.\begin{array}{l} P = N\sin\alpha + F\cos\alpha \\ Q = N\sin\alpha - F\sin\alpha \end{array}\right\} \tag{7 · 14}$$

를 풀어 구할 수 있다. 나사의 면에 작용하는 수직반력 N과 마찰력 F 사이에는, $F = N\tan\lambda(\mu = \tan\lambda)$의 관계가 있으므로,

$$P = Q\frac{\sin\alpha + \tan\lambda\cos\alpha}{\cos\alpha - \tan\lambda\sin\alpha} = Q\tan(\alpha + \lambda) \tag{7 · 15}$$

여기서

$$\tan(\alpha + \lambda) = \frac{\tan\alpha + \tan\lambda}{1 - \tan\alpha\tan\lambda} = \frac{p + \mu\pi d}{\pi d - \mu p} \tag{7 · 16}$$

의 값을 갖는다. 따라서 나사를 돌리는 데 필요한 토크 $T = Pd/2$는

$$T = \frac{1}{2} Qd \tan(\alpha + \lambda) = \frac{1}{2} Qd \frac{p + \mu \pi d}{\pi d - \mu p} \tag{7 • 17}$$

가 된다. 나사에 마찰이 없을 때는

$$T_0 = \frac{1}{2} Qd \tan \alpha = \frac{1}{2\pi} Qp \tag{7 • 18}$$

이고, 토크 T에 대한 T_0의 비

$$\eta = \frac{T_0}{T} = \frac{\tan \alpha}{\tan(\alpha + \lambda)} = \frac{1 - \mu p / \pi d}{1 + \mu \pi d / p} \tag{7 • 19}$$

를 나사의 **효율**(efficiency)이라고 한다.

비녀장의 경우와 마찬가지로 나사가 저절로 풀리지 않게 하기 위해서는 $\alpha < \lambda$ 즉, $p < \mu \pi d$이어야 한다. 특히 $\alpha = \lambda$일 때는

$$\eta = \frac{\tan \alpha}{\tan 2\alpha} = \frac{1}{2}(1 - \tan^2 \alpha) < \frac{1}{2} \tag{7 • 20}$$

으로, 저절로 풀리지 않는 나사의 효율은 50% 이하이다.

• 예제 7-7 •

물체를 밀어 올리는 잭

나사의 유효직경이 $32\,\mathrm{mm}$, 피치가 $5\,\mathrm{mm}$인 잭으로 무거운 물체를 밀어 올리려고 한다. 나사의 마찰계수가 0.06이라면 나사의 효율은 얼마인가? 이 잭으로 $1\mathrm{ton}$의 물체를 밀어 올리는 데 어느 정도의 토크가 필요한가?

풀이

식(7 • 19)에 의해 나사의 효율은

$$\eta = \frac{1 - 0.06 \times 5 / (\pi \times 32)}{1 + 0.06 \times \pi \times 32 / 5} = 45.2\%$$

식(7 • 18)과 식(7 • 19)에 의해 필요한 토크는

$$T = \frac{T_0}{\eta} = \frac{1}{2\pi\eta} Qp = \frac{1000 \times 9.81 \times 0.005}{2\pi \times 0.452} = 17.3 \mathrm{N \cdot m}$$

이다.

7-4 ▶ 베어링의 마찰

　회전운동이나 왕복운동을 하는 축을 지지하는 것을 **베어링**이라고 한다. 베어링에는 다양한 형식의 것이 있지만 일반적으로 많이 사용되는 **저널 베어링**과 **스러스트 베어링**에 작용하는 마찰 토크를 계산해 보자.

1 저널 베어링

　그림 7-11과 같이, 가로방향 하중을 받으면서 회전하는 축을 지지하는 베어링을 **저널 베어링**(journal bearing)이라고 한다. 베어링에 작용하는 횡력 P는 저널의 하부면에 분포한 압력 p로 지지되고 있지만, 이 압력이 베어링 하부의 원주면에 동일하게 분포한다고 가정하면, 그 크기는 다음과 같이 계산된다. 베어링의 길이를 l, 회전축의 반경을 R이라고 하면, 축 방향으로 잡은 미소면적 $lRd\theta$에 작용하는 반력 $plRd\theta$의 P방향 성분을 반원주면으로 적분한

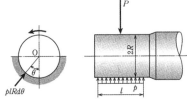

|그림| 7-11 저널 베어링

$$\int_{-\pi/2}^{\pi/2} plR \cos\theta d\theta = 2plR$$

이 힘 P와 평형을 이루는 것에서

$$p = \frac{P}{2lR} \qquad (7 \cdot 21)$$

가 된다. 그 결과 축 하부면의 미소 면적에 원주 방향의 마찰력 $\mu plRd\theta$가 발생하고, 축에 크기가

$$T = \int_{-\pi/2}^{\pi/2} R\mu \frac{P}{2lR} lRd\theta = \frac{\pi}{2}\mu RP \qquad (7 \cdot 22)$$

인 마찰 토크를 준다. 그러나, 실제로는 축에 윤활유가 주입되어 있기 때문에 정확히 이렇게 되지는 않는다. 따라서 p의 정확한 분포를 알 수 없는 상태로,

$$T = \mu' RP \qquad (7 \cdot 23)$$

로 놓고 μ'의 값을 실험적으로 구하고 있다.

2 스러스트 베어링

그림 7-12와 같이 회전축 방향의 하중을 받는 베어링을 **스러스트 베어링**(thrust bearing)이라고 한다. 접촉면에 수직인 압력 p가 일정하다고 가정하고 축과 베어링 사이의 마찰계수를 μ라고 하면, 작은 폭 dr을 갖는 링 모양의 면적에 작용하는 마찰력은 $\mu p 2\pi r dr$ $(p = P/\pi R^2)$이고, 이에 따라 크기

$$T = \int_0^R r\mu \frac{P}{\pi R^2} 2\pi r dr \qquad (7 \cdot 24)$$

$$= 2\frac{\mu P}{R^2} \int_0^R r^2 dr = \frac{2}{3}\mu RP$$

의 마찰 토크가 작용한다.

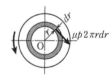

|그림| 7-12 스러스트 베어링

• 예제 7-8 •

스러스트 베어링으로 지지된 직경 8cm의 축이, 축 방향으로 10 kN의 힘을 받으면서 회전하고 있다. 베어링의 마찰계수를 0.03이라고 하면, 축에 작용하는 마찰 토크는 얼마인가?

풀이

식(7 • 24)에 의해

$$T = \frac{2}{3} \times 0.03 \times 0.04 \times 10 \times 10^3 = 8.0\,\text{N} \cdot \text{m}$$

이 된다.

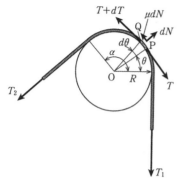

|그림| 7-13 벨트의 마찰

7-5 ▶ 벨트의 마찰

로프를 기둥에 감아서 배를 정박시키거나 두 개의 풀리 사이에 벨트를 걸어 동력을 전달하는 등 기둥과 로프, 풀리와 벨트 사이의 마찰이 자주 이용된다.

그림 7-13과 같이 벨트와 반경이 R인 풀리 사이의 마찰계수를 μ로 하고, 벨트의 미소길이 $Rd\theta$에 작용하는 힘의 평형을 생각한다. 이 부분에 작용하는 힘은 양측에서 작용하는 벨트의 장력 T, $T+dT$와 풀리에서의 수직반력 dN 및 미끄럼 마찰력 μdN으로

우선, 풀리 반경 방향의 힘의 평형에서

$$T\sin\frac{d\theta}{2}+(T+dT)\sin\frac{d\theta}{2}=dN$$

$d\theta$는 작은 각도이므로, 이 식은 $Td\theta=dN$이라고 쓸 수 있다. 또한, 둘레 방향의 힘의 평형에서 $T=T+dT+\mu dN$. 따라서 $dT+\mu dN=0$이 된다. 이 두 개의 식에서 dN을 없애면

$$\frac{dT}{T}=-\mu d\theta \qquad\qquad (7 \cdot 25)$$

이고, 접촉하고 있는 벨트의 전체 길이에 걸쳐 적분하면

$$\ln\frac{T_2}{T_1}=-\mu\alpha \text{ 또는 } T_2=T_1 e^{-\mu\alpha} \qquad (7 \cdot 26)$$

가 된다. 여기서 α는 벨트와 풀리와의 접촉각, T_1 및 T_2는 각각 인장 측과 이완 측의 벨트 장력이다.

표 7-4에 함수 $e^{-\mu\alpha}$의 값을 나타내었다. 벨트와 풀리 사이의 마찰계수와 접촉각이 증가함에 따라 인장 측의 벨트 장력에 대한 이완 측의 장력비 T_2/T_1는 점차 감소해 간다.

| 표 7-4 | $e^{-\mu\alpha}$의 값

a/2π(회)	μ						
	0.2	0.25	0.3	0.35	0.4	0.45	0.5
0.2	0.778	0.730	0.686	0.664	0.605	0.568	0.553
0.4	0.605	0.533	0.470	0.415	0.366	0.323	0.285
0.6	0.470	0.390	0.323	0.267	0.221	0.183	0.152
0.8	0.366	0.285	0.221	0.172	0.134	0.104	0.081
1.0	0.285	0.208	0.152	0.111	0.081	0.059	0.043
1.2	0.221	0.152	0.104	0.071	0.049	0.034	0.023
1.4	0.172	0.111	0.071	0.046	0.030	0.019	0.012
1.6	0.134	0.081	0.049	0.030	0.018	0.011	0.007
1.8	0.104	0.059	0.034	0.019	0.011	0.006	0.004
2.0	0.081	0.043	0.023	0.012	0.007	0.004	0.002

• 예제 7-9 •

밴드 브레이크

그림 7-14에 나타낸 밴드 브레이크의 레버를 눌러 내리면, 한쪽의 A점은 올라가고 다른 쪽의 B점은 내려가는데 그 움직임에 차이가 있기 때문에 밴드가 드럼에 단단히 조여진다. 그림 C점에 크기 F의 힘을 가했을 때, 드럼에 작용하는 제동 토크는 얼마인가?

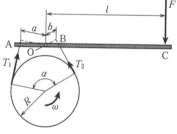

| 그림 7-14 밴드 브레이크

풀이

그림과 같이 드럼이 반시계 방향으로 회전할 때는, 밴드의 장력 T_1, T_2 사이에

$$T_2 = T_1 e^{-\mu\alpha} \tag{a}$$

의 관계가 성립한다. 한편, 레버에 작용하는 힘의 지점 O에서의 모멘트 평형으로

$$T_1 a - T_2 b - Fl = 0 \tag{b}$$

여기서 a, b는 각 장력 모멘트의 팔(arm)을 나타낸다. 식(a)와 (b)에서

$$T_1 = \frac{Fl}{a - be^{-\mu\alpha}}, \quad T_2 = \frac{Fle^{-\mu\alpha}}{a - be^{-\mu\alpha}} \tag{c}$$

이고, 드럼에는

$$T_q = (T_1 - T_2)R = \frac{FlR(1 - e^{-\mu\alpha})}{a - be^{-\mu\alpha}} \tag{d}$$

의 제동 토크가 작용한다. 드럼의 회전 방향이 반대일 때는 마찰계수 μ의 부호를 바꾸면 된다.

7-1 정지 마찰계수가 0.28일 때, 마찰각의 크기는 얼마인가?

7-2 수평면과의 기울기가 12°인 경사면에서 물체가 등속도로 미끄러져 내려올 때, 물체와 경사면 사이의 운동 마찰계수는 얼마인가?

7-3 수평면과의 기울기가 α인 경사면에 놓인 물체를, 경사면 방향의 힘으로 평형을 이루게 할 때, 최대 힘이 최소 힘의 p배였다고 하면 정지 마찰계수는 얼마인가?

7-4 다음 그림과 같이 반경 R, 질량 m인 원기둥이 각도 2α의 V 홈에 얹혀 있다. 마찰계수가 μ일 때, 원기둥을 축방향으로 이동시키는 데 필요한 힘은 얼마인가?

또한, 원기둥을 회전시키기 위해서는 얼마의 모멘트가 필요한가?

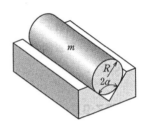

7-5 길이 4m, 질량 25kg의 막대기를 벽에 세웠다. 막대기와 바닥면, 막대기와 벽 사이의 마찰계수가 각각 0.3, 0.2라고 하면, 막대기가 미끄러지지 않기 위해서는, 벽과의 사이의 각도가 얼마이어야 하는가?

연습 문제

7-6 다음 그림과 같이 종이를 4장씩 교대로 쌓은 후 위에 3 kg의 추를 올리고 좌우로 당겼더니, 110 N으로 미끄러지기 시작했다. 종이의 마찰계수는 얼마인가?

7-7 베어링의 마찰을 조사하기 위해 축에 관성 모멘트 $1.2\,\text{kg}\cdot\text{m}^2$의 플라이휠을 설치하고 350 rpm의 회전을 주었더니, 저절로 감속해서 2분 후에 완전히 정지했다. 축에 작용하는 마찰 토크는 얼마인가?

7-8 자동차가 반경 80m의 수평 커브를 돌 때, 옆으로 미끄러지지 않는 최대 속도는 얼마인가? (단, 도로와 타이어 사이의 마찰계수는 0.2로 한다.)

7-9 나사의 마찰계수가 0.08일 때 피치 3.5mm, 평균 직경 28 mm인 나사의 효율은 얼마인가?

7-10 무거운 물체를 매단 로프를 기둥에 감고, 물체에 작용하는 중력의 1/50 이하의 힘으로 지탱하기 위해서는 로프를 몇 번 감아야 하는가? (단, 로프와 기둥 사이의 마찰계수는 0.3으로 한다.)

제 **8** 장 일과 에너지

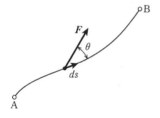

8-1 ▶ 일

1 일

힘이 작용하여 물체를 움직일 때, 힘에 의한 작용은 그 크기와 물체가 움직인 거리에 좌우된다. 물체에 크기 F의 힘이 작용하여 그 방향으로 거리 s만큼 움직였을 때, $W = Fs$를 힘이 물체에 행한 **일**(work)이라고 한다.

그림 8-1과 같이 힘 F의 방향과 변위 s의 방향이 일치하지 않고 어떤 각도 θ을 갖는 경우, 힘이 행한 일은 변위의 방향 성분인 $F\cos\theta$에 의한 것으로, 변위에 직각인 방향의 성분과는 관계가 없다. 따라서 이 경우의 일은

$$W = Fs\cos\theta \qquad (8 \cdot 1)$$

가 된다. 또한, 그림 8-2와 같이 물체가 어떤 곡선 경로를 따라 A점에서 B점까지 운동할 때는,

$$W = \int_A^B F\cos\theta\, ds \qquad (8 \cdot 2)$$

이고, 일반적으로는 F와 θ와는 경로를 따라간 길이 s의 함수이다.

크기 1N의 힘을 가해 힘의 방향으로 1m만큼 움직였을 때의 일을 일의 단위로 하며, 이것을 **1줄**(Joule, J)이라고 한다.

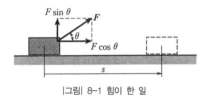

|그림| 8-1 힘이 한 일

|그림| 8-2 곡선 경로를 따라 한 일

• 예제 8-1 •

경사면을 따라 한 일

1250kg의 자동차를, 수평면과 15°인 경사면을 따라 100m만큼 끌어올리기 위해서는 어느 정도의 일이 필요한가? 또한, 이 자동차를 같은 높이까지 연직으로 끌어올리기 위해 필요한 일은 얼마인가?
자동차에 작용하는 마찰을 생략하고 생각해 보자.

풀이

경사면을 따라 자동차를 끌어올리는 데 필요한 힘은
$$F = 1.25 \times 9.81 \sin 15° = 3.16\,\text{kN}$$

따라서 경사면을 따라 한 일은

$$W = 3.16 \times 100 = 316 \, \text{kJ}$$

이다. 자동차를 연직으로 끌어올릴 때도

$$W = 1.25 \times 9.81 \times 100 \sin 15° = 316 \, \text{kJ}$$

로, 경사면을 끌어올리는 데 필요한 일과 같다.

2 회전체의 일

그림 8–3과 같이 힘 F가 반경 r과 직각인 방향으로 작용하여 물체가 OO′축에서 각도 θ만큼 회전할 때, 이 힘이 하는 일은

$$W = F \cdot r\theta \tag{8 · 3}$$

으로 주어진다. Fr은 OO′축에서의 모멘트이므로 이것을 N이라고 쓰면

$$W = N\theta \tag{8 · 4}$$

가 되고, 회전축에는 힘의 모멘트와 회전각의 곱과 동일한 크기의 일이 행해진 것이 된다.

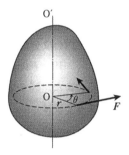

|그림| 8–3 회전체의 일

8-2 에너지

어떤 속도로 운동하고 있는 물체는 정지할 때까지 외부에 대해 얼마간 일을 한다. 또한, 높은 곳에 있는 물체도 낙하하는 동안 어느 정도 일을 한다. 이와 같이, 물체가 어떤 일을 할 수 있는 상태에 있을 때, 이 물체는 에너지를 가지고 있다고 한다. 물체가 보유한 에너지는, 이것이 그 에너지를 잃을 때까지 외부에 하는 일의 양으로 측정할 수 있다. 따라서 에너지는 일과 동일한 단위를 가진다.

역학에서 다루는 에너지에는 운동 에너지와 위치 에너지가 있으며 이들을 합쳐 **역학 에너지**(mechanical energy)라고 한다.

1 운동 에너지

속도 v로 운동하고 있는 질량 m의 물체에 그 운동과 반대 방향으로 일정한 힘 F를 가했을 때, 거리 s만큼 운동하고 정지했다고 한다. 이때 이 물체는 힘의 반대 방향으로 Fs만큼 일을 한 것이 된다. 이 힘에 의해 발생한 물체의 [음(−)]의 가속도를 a라고 하면, 식(4 • 10)에 의해

$$s = -\frac{v^2}{2a}$$

또한, 식(5 • 1)에 의해

$$ma = -F$$

이고, 여기서

$$T = Fs = \frac{1}{2}mv^2 \qquad (8 • 5)$$

이 된다. 이것을 **운동 에너지(kinetic energy)**라고 한다. 이 식에서 물체의 질량이 일정하다고 하면, 에너지의 크기는 속도의 제곱에 비례한다. 즉, 물체의 속도가 증가하면 낮은 속도일 때에 비해 현격하게 큰 에너지를 갖게 된다.

다음에, 그림 8-4에 나타낸 어떤 고정축 주위에 각속도 ω로 회전하는 물체가 가지는 운동 에너지를 생각해 보자. 회전축으로부터 반경 r의 거리에 있는 작은 질량 dm의 속도는 $v = r\omega$이므로, 이 질량이 가지는 운동 에너지는 $(1/2)dm(r\omega)^2$이다. 따라서 회전체 전체가 보유한 운동 에너지는

$$T = \frac{1}{2}\int (r\omega)^2 dm = \frac{1}{2}\omega^2 \int r^2 dm$$

$\int r^2 dm$은 이 물체의 회전축에서의 관성 모멘트 I와 같으므로

$$T = \frac{1}{2}I\omega^2 \qquad (8 • 6)$$

이 된다. 이 식을 직선운동의 식(8 • 5)와 비교하면 알 수 있듯

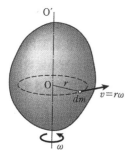

|그림| 8-4 회전체의 운동 에너지

이 직선운동을 하는 물체의 질량 m이 회전 운동에서는 관성 모멘트 I에, 속도 v가 각속도 ω에 대응하고 있다.

· 예제 8-2 ·

회전하는 연삭숫돌의 운동 에너지

질량 $2\,\mathrm{kg}$, 회전 반경 $5.5\,\mathrm{cm}$의 연삭숫돌이 $4000\,\mathrm{rpm}$의 속도로 회전하고 있다. 이 연삭숫돌이 가지고 있는 운동 에너지는 얼마인가?

풀이

이 연삭숫돌의 관성 모멘트는

$$I = Mk^2 = 2 \times 0.055^2 = 6.05 \times 10^{-3}\,\mathrm{kg \cdot m^2}$$

이므로, 회전 운동 에너지는

$$T = \frac{1}{2} \times 6.05 \times 10^{-3} \times \left(\frac{\pi}{30} \times 4000 \right)^2 = 530.2\,\mathrm{J}$$

이 된다.

---

2 위치 에너지

그림 8-5와 같이 질량이 m인 물체에 작용하는 중력 mg의 반대 방향으로 높이 h만큼 들어올리기 위해서는

$$U = mgh \tag{8 • 7}$$

의 일이 필요하다. 바꿔 말하면, h 높이에 있는 질량 m의 물체는 그 높이만큼 낙하하는 동안 mgh의 일을 할 수 있는 능력을 가지고 있다.

스프링을 잡아당기거나 압축시키는 것도 일을 필요로 한다. 탄성 범위 내에서 스프링을 x만큼 신축시키는 데, $F = kx$(k는 스프링 상수)의 힘이 필요하며, 스프링을 자연의 상태에서 x만큼 변형시키기 위해서는

$$U = \int_0^x F\,dx = \int_0^x kx\,dx = \frac{1}{2}kx^2 \tag{8 • 8}$$

|그림| 8-5 높은 곳에 있는 물체의 위치 에너지

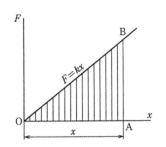

|그림| 8-6 스프링에 축적되는 위치 에너지

의 일이 필요하다. 이 일은 그림 8-6의 삼각형 OAB의 면적에 해당하며, 스프링은 원래의 상태로 돌아갈 때까지 동일한 일을 할 만큼의 능력을 가지고 있다. 이러한 에너지를 **위치 에너지** (potential energy)라고 한다.

> • 예제 8-3 •
>
> ### 자동차의 운동 에너지
>
> 시속 $40\,km/h$ 로 달리고 있는 $1250\,kg$ 의 자동차의 운동 에너지는 얼마인가?
> 이 에너지는 얼마만큼의 높이에 놓인 자동차의 위치 에너지와 같은가?
> 시속이 $80\,km/h$ 일 때는 어떠한가?
>
> **풀이**
>
> 시속 $40km/h$ 일 때 자동차가 갖는 운동 에너지는
>
> $$T = \frac{1}{2} \times 1.25 \times \left(\frac{40}{3.6}\right)^2 = 77.2\,kJ$$
>
> 식(8 · 5)와 (8 · 7)을 같게 두었다.
>
> $$\frac{1}{2}mv^2 = mgh \tag{a}$$
>
> 에서, 등가 높이는 자동차의 질량에 관계없이
>
> $$h = \frac{v^2}{2g} = \frac{(40/3.6)^2}{2 \times 9.81} = 6.29\,m \tag{b}$$
>
> 가 된다. 시속이 2배인 $80km/h$ 가 되면, 높이는 4배인 약 $25m$ 가 된다. 운전할 때 스피드를 내는 것이 얼마나 위험한지 알 수 있다.

3 역학 에너지 보존의 법칙

물체를 바로 위로 던지면, 처음에 갖고 있던 운동 에너지는 물체가 상승하고 속도가 줄어들면서 감소하고, 최고점에 도달하면 0이 된다. 이와 반대로, 위치 에너지는 높이가 증가할수록 커져서 최고점에서는 최댓값을 갖는다.

간단하게 설명하기 위해서 질량이 m 인 물체가 정지 상태에서 자연 낙하하는 경우를 생각해 보자. t 초 후의 속도는 $v = gt$

이므로 이때의 운동 에너지는

$$T = \frac{1}{2}mg^2t^2 \qquad\qquad (8 \cdot 9)$$

이다. 또한, 이 사이에 낙하한 높이는 $x = (1/2)gt^2$이고, 그로 인해 손실된 위치 에너지도 이와 동일한

$$U = mg\left(\frac{1}{2}gt^2\right) = \frac{1}{2}mg^2t^2 \qquad\qquad (8 \cdot 10)$$

이 된다. 즉, 낙하해서 손실된 위치 에너지가 그대로 운동 에너지로 전환된 것으로, 일반적으로 <u>운동 에너지와 위치 에너지의 합은 일정하다</u>.

이것은 물체에 마찰이나 유체의 저항이 작용하지 않을 때 항상 성립하는 것이며 **에너지 보존 법칙**(law of conservation of energy)이라고 한다.

에너지에는 이 외에도 열에너지, 전기 에너지, 화학 에너지 등 다양한 종류가 있다. 화력 발전으로 열에너지를 전기 에너지로 변환하거나, 모터로 전기 에너지를 기계 에너지로 변환해서 전철을 달리게 하는 등, 에너지는 다양한 형태로 변환되지만 전체적으로 그 총합은 달라지지 않는다. 이것은 넓은 의미에서 에너지 보존 법칙에 해당한다.

· 예제 8-4 ·

스프링의 압축

$5\,kg$의 물체를 $20\,cm$ 높이에서 스프링 상수(스프링의 강성)가 $200\,kN/m$인 스프링 위에 떨어뜨렸다. 스프링은 얼마만큼 압축될까?

풀이

스프링의 압축량을 x라고 하면, 물체는 $20\,cm$ 자유낙하한 후에 스프링을 x만큼 압축시키므로 손실된 위치 에너지는

$U = 5 \times 9.81 \times (0.20 + x) = 9.81 + 49.05x$

한편, 스프링에 축적된 에너지는

$U' = \frac{1}{2} \times 200 \times 10^3 x^2 = 10^5 x^2$

이다. 물체가 낙하해서 손실된 에너지만큼 스프링에 축적되므로

$10^5 x^2 = 49.05x + 9.81$

이 식에서 x를 풀면, 스프링의 압축된 길이는 $x = 1.0\,cm$가 된다.

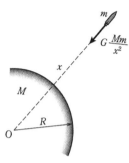

|그림| 8-7 로켓 발사

· 예제 8-5 ·

지구 탈출 속도

그림 8-7과 같이 질량이 m인 로켓을 지구의 중력을 이겨내면서 우주로 발사할 때 필요한 초기속도는 얼마인가? 또한, 이것에 필요한 일은 얼마인가? (단, 공기 저항은 무시하고 계산하시오.)

풀이

지구의 질량을 M, 반경을 R이라고 하면 지구의 중심에서 x의 거리에 있는 로켓에 작용하는 힘은

$$F = G\frac{Mm}{x^2} \tag{a}$$

이다. 이 힘을 이겨내고 로켓을 지구 표면에서 우주로 발사하기 위해서는

$$W = \int_R^\infty G\frac{Mm}{x^2}dx = GMm \left| -\frac{1}{x} \right|_R^\infty = G\frac{Mm}{R} \tag{b}$$

의 일이 필요하다. $GM/R^2 = g$의 관계가 있으므로,

$$W = mgR \tag{c}$$

라고 쓸 수도 있다.

지상에서 주어진 초기속도를 v_i라고 하면, 에너지 보존 법칙에 의해

$$\frac{1}{2}mv_i = mgR \tag{d}$$

여기서, 필요한 초기속도는 로켓의 질량에 관계없이

$$v_i = \sqrt{2gR} \tag{e}$$

이고, 지구의 반경이 6370km이므로

$$v_i = \sqrt{2 \times (9.81 \times 10^{-3} \times 6370}) = 11.2 \text{ km/s} \tag{f}$$

이다. 로켓을 발사하여 인공위성이 되도록 하는 최저 속도를 제일 우주 속도라고 하는 데 반해 이 속도를 제이 우주 속도(second astronautical velocity)라고 한다.

8-3 ▶ 동력

1 동력

일을 할 때는 일의 총량뿐만 아니라 단위 시간당 하는 일의

양이 문제가 된다. 이것을 **동력** 또는 **파워**(power)라고 한다. 힘 F에 의해 Δt 시간에 물체가 Δs만큼 운동하는 경우 이 힘에 의한 동력은 $F\Delta s/\Delta t$이고, $\Delta s/\Delta t$는 그 사이의 속도이므로 동력은

$$P = Fv \qquad\qquad (8 \cdot 11)$$

가 된다. 동력의 단위는 N・m/s이지만 이것을 와트(Watt, W)로 나타낸다. 1 W는 1초당 1 J의 일을 할 때의 동력이다. 보통 기계에서는 1 W의 동력은 너무 작기 때문에 kW를 사용하며, 또한 일의 단위로 1시간을 단위로 하는 kW・h를 사용한다. 1 kW・h의 일이란 1시간 동안 연속해서 1 kW의 동력이 한 일의 양을 말한다.

또한, 공학의 표준단위로 인정하는 않지만 관용적으로 마력(PS) 단위를 쓰는 경우가 있다. 이것은

$$1\,PS = 0.7355\,kW$$
$$1\,kW = 1.360\,PS$$

에 해당한다.

・ 예제 8-6 ・

자동차의 등판 성능

1250 kg의 승용차가 8°로 경사진 비탈길을 30 km/h의 속도로 오르는 데는 얼마의 동력이 필요할까? (단, 자동차에는 이것에 작용하는 중력의 약 10%의 저항이 작용하는 것으로 한다.)

풀이

자동차는 비탈길을 따라 작용하는 중력의 성분과 저항

$$F = 1.25 \times 9.81\,(\sin 8° + 0.10 \times \cos 8°)$$
$$= 1.70 + 1.21 = 2.91\,kW$$

을 이겨내고 $v = 30/3.6 = 8.3$ m/s의 속도로 올라가야 하므로

$$P = 2.91 \times 8.3 = 24.2\,kW$$

의 동력이 필요하다. 마력으로 바꾸면 약 33PS가 된다.

2 회전 기계의 동력

물체가 어떤 회전축에서 토크 T로 Δt 시간 동안 각도 $\Delta\theta$ 만큼 회전했다면 이 사이의 동력은 $P = T\Delta\theta/\Delta t$이지만, $\Delta\theta/\Delta t$는 각속도 ω와 같으므로,

$$P = T\omega \qquad (8 \cdot 12)$$

각속도를 1분당 회전수 N으로 나타내면

$$P = \frac{\pi}{30}TN \qquad (8 \cdot 13)$$

이 된다.

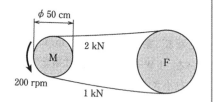

|그림| 8-8 벨트에 의한 동력 전달

• 예제 8-7 •

동력의 전달

그림 8-8과 같이 모터 M으로 벨트 구동되는 종동차 F가 있다. 모터 측 풀리의 직경이 50cm, 회전수가 200rpm, 인장 측 벨트의 장력이 2 kN이고 이완 측 벨트의 장력이 그것의 1/2이라고 하면, 얼마의 동력이 전달되는가?

풀이

모터 측 풀리의 구동 토크는

$$T = \frac{0.50}{2} \times (2-1) = 0.25 \text{ kN} \cdot \text{m}$$

따라서 전달된 동력은

$$P = 0.25 \times \left(\frac{\pi}{30} \times 200 \right) = 5.23 \text{ kW}$$

가 된다.

8-4 ▶ 지레, 윤축, 도르래

1 지레

그림 8-9와 같이, **지레**(lever)를 사용하여 무거운 물체를 들어 올리는 경우를 생각해 보자. 물체에 작용하는 중력을 W, 지레에 가하는 힘을 F라고 하고, 지점 O에서 이들 힘의 작용점까지의 거리를 각각 a, b라고 하면, 받침점에서의 모멘트 평형에 의해

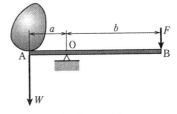

|그림| 8-9 지레

$$Wa = Fb$$

로, 두 힘의 비율은

$$\frac{W}{F} = \frac{b}{a} \tag{8 • 14}$$

가 된다. 이 비율을 지레의 역비라고 하는데, 역비가 클수록 작은 힘으로 무거운 물체를 들어올리거나 이동시킬 수 있다.

또한, 그림 8-10과 같이 지레의 한쪽 A에 힘을 가해 x_1만큼 움직이면, 그것에 따라 다른 쪽 B는 이와 반대 방향으로 x_2만큼 움직이는데 이 양쪽의 변위 사이에 식(8 • 14)와는 반대로 $x_2/x_1 = b/a$의 관계가 있다. 이 운동에 필요한 시간은 어느 쪽이나 같기 때문에 A, B점의 속도 v_1, v_2 사이에도

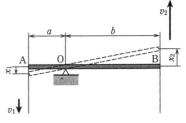

|그림| 8-10 지레에 의한 속도의 변환

$$\frac{v_2}{v_1} = \frac{x_2}{x_1} = \frac{b}{a} \tag{8 • 15}$$

의 관계가 있다. 이것을 지레의 **속비**라고 하는데 그 크기는 역비와 동일하다. 이 성질을 이용하여 지레는 기계 속에서 힘을 변화시키거나 변위와 속도의 크기와 방향을 변화시키는 역할을 하고 있다.

• 예제 8-8 •

벨 크랭크

그림 8-11에 나타낸 벨 크랭크(Bell-crank)의 A 단에 50 N의 힘이 작용할 때, B 단에는 얼마의 힘이 작용하는가?

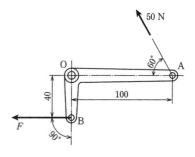

|그림| 8-11 벨 크랭크

|그림| 8–12 윤축

풀이

O 점에서의 모멘트 평형

$$50 \times 100 \sin 60° = 40F$$

에서 $F = 108.3N$이 된다.

2 윤축

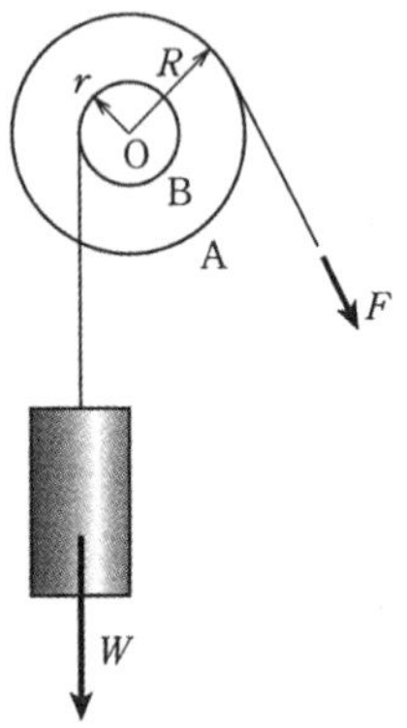

지레와 같은 원리로 무거운 물체를 끌어올리는 데 사용하는
것에 **윤축**(wheel and axle)이 있다. 그림 8–12와 같이, 같은
축에 다른 반경 R, r를 갖는 두 개의 원기둥 A, B를 고정하고
A에 감겨진 줄을 F의 힘으로 당겨 B에 감겨진 줄로 중력 W
의 무거운 물체를 끌어올릴 때, 회전축에서의 모멘트 평형
$FR = Wr$에서

$$F = W\frac{r}{R} \tag{8 • 16}$$

이 구해진다. 두 원기둥의 반경비 r/R이 작을수록 작은 힘으로
무거운 물체를 매달아 올릴 수 있다.

이 경우, W의 물체를 원기둥 B의 줄로 높이 h만큼 끌어올
리는 데, 축을 $\theta = h/r$의 각도만큼 회전시킬 필요가 있으므로
원기둥 A의 줄을 $R\theta = (R/r)h$만큼 감아야 한다. 따라서 힘
F에 의한 일은

$$F\frac{R}{r}h = Wh \tag{8 • 17}$$

이며, 이것은 물체 W를 h만큼 올리는 데 필요한 일과 같다.
즉, 힘은 r/R배가 되어 작아져도, 거리는 그 역수인 R/r배가
되어 일의 양으로서는 변함이 없다. 이것을 **일의 원리**(principle
of work)라고 하는데, 에너지 보존의 법칙에서 생각하면 당연
한 것이다. 지레나 윤축에서는 힘으로는 득을 보아도 거리에서
손해를 보게 되는 것이다.

· 예제 8-9 ·

그림 8–13에 나타낸 윤축에서 150 kg의 물체를 40 rpm
의 속도로 감아 올릴 때, 로프를 당기는 힘과 필요한 동력
은 얼마인가?

풀이

식(8 · 16)에 의해 로프를 당기는 힘은

$$F = 150 \times 9.81 \times \frac{16}{50} = 470.9 \text{ N}$$

로프의 속도는

$$v = 0.50 \times \left(\frac{\pi}{30} \times 40 \right) = 2.09 \text{ m/s}$$

이므로, 필요한 동력은

$$P = Fv = 470.9 \times 2.09 = 984.2 \text{ W}$$

가 된다.

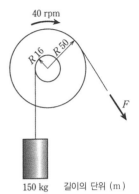

|그림| 8-13 물체를 감아 올리는 윤축

3 도르래

무거운 물체를 들어올리거나 운반하기 위해, 지레나 윤축 외에
풀리에 줄이나 체인을 걸어 회전시키는 **도르래**(pulley)가 사용된
다. 여기에는, 그림 8–14와 같이 축의 위치를 고정한 **고정 도르
래**(fixed pulley)와 그림 8–15와 같이 축의 위치가 일정하지 않
은 **움직 도르래**(movable pulley)가 있다.

고정 도르래는 단순히 힘의 방향만 바꾸는 것으로, 힘의 크기
에는 변화가 없다. 움직 도르래에서는 그 중심에 중량이 W인
물체를 매달 때 도르래에 작용하는 중력을 무시하면, 줄에 작용
하는 힘은 물체 중량의 $1/2$이 된다. 단, 물체를 h의 높이만큼
끌어올리기 위해서는, 그림 8–15의 AA′와 BB′를 합해서 $2h$
길이의 줄을 끌어 올릴 필요가 있어, 일의 양에는 변화가 없다.
즉, 도르래에도 위와 같은 일의 원리가 성립된다.

실제로는 고정 도르래와 움직 도르래, 거기에 윤축이 다양하
게 조합되어 사용된다. 그 주된 예를 그림 8–16에 나타내었다.
도르래에 작용하는 중력을 무시하면 그림(a)의 경우는, 물체를
끌어올리는 데 필요한 힘은 물체에 작용하는 중력의 $1/4$, 그림

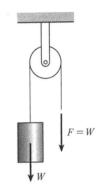

|그림| 8-14 고정 도르래

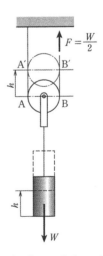

|그림| 8-15 움직 도르래

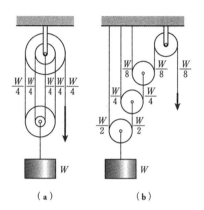

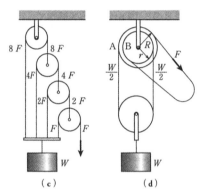

|그림| 8-16 주요 도르래의 조합

(b)에서는 1/8, 그림(c)에서는

$$F+2F+4F+8F=15F=W$$

로, 1/15의 힘으로 충분하다. 그림(d)는 2개의 고정 도르래 A와 B를 고정해서 하나로 합치고, 이것에 1개의 움직 도르래를 조합한 것으로, 이것을 **차동 도르래**(differential pulley)라고 한다. 체인 블록은 차동 도르래의 원리를 이용한 것이다. A에 걸린 체인을 힘 F로 당길 때, 고정 도르래 중심에서의 모멘트 평형

$$\frac{W}{2}R=\frac{W}{2}r+FR$$

에 의해

$$F=\frac{R-r}{2R}W \tag{8 • 18}$$

가 된다. 반경 R의 값을 크게 하고 R과 r의 차이를 작게 하면, 도르래의 수를 늘리지 않아도 작은 힘으로 일을 수행할 수 있다. 이 경우, 물체를 h의 높이만큼 끌어올리기 위해서 A에 걸린 체인을 당기는 길이 s는 일의 원리에 의한 식

$$Fs=Wh \tag{8 • 19}$$

를 풀어

$$s=\frac{W}{F}h=\frac{2R}{R-r}h \tag{8 • 20}$$

가 된다.

• 예제 8-10 •

차동 도르래

직경이 25cm와 22cm인 고정 도르래로 구성된 차동 도르래를 이용하여 200kg의 기계를 끌어올리기 위해서는 얼마의 힘이 필요한가?

식(8 · 18)에 의해

$$F = \frac{25-22}{2 \times 25} \times 200 \times 9.81 = 117.7 \, \text{N}$$

으로 기계에 작용하는 중력 2.0kN의 5.9%에 지나지 않는다.

8-5 ▶ 기계의 효율

기계로 일을 할 때 마찰이 없다면 일의 원리가 성립하지만, 실제로는 기계에 주어진 에너지의 일부가 마찰 등으로 인해 상실되기 때문에, 기계가 수행한 유효한 일은 공급된 에너지보다 항상 작다. 기계가 수행한 유효한 일과 이것에 공급된 에너지와의 비를 **기계의 효율** (mechanical efficiency)이라고 한다.

단위 시간에 행해진 일의 양이 동력이므로 일을 동력으로 바꾸고, 기계에서 얻어낼 수 있는 동력과 이것에 공급되는 동력의 비도 동일한 기계의 효율을 나타낸다. 또한, 각각의 효율이 η_1, η_2, η_3, ⋯인 몇 개의 기계를 조합하여 만들어진 장치 전체의 효율은 각 기계의 효율의 곱

$$\eta = \eta_1, \, \eta_2, \, \eta_3, \, \cdots \tag{8 · 21}$$

로 주어진다.

• 예제 8-11 •

효율이 70%인 크레인으로 1ton의 물체를 30 m/min의 속도로 매달아 올리기 위해서는 얼마만큼의 동력을 가진 모터가 필요한가?

물체를 끌어올리는 데 필요한 동력은

$$P' = 1 \times 9.81 \times \frac{30}{60} = 4.91 \, \text{kW}$$

크레인의 효율을 생각하면, 모터에는

$$P = \frac{P'}{\eta} = \frac{4.91}{0.70} = 7.01 \, \text{kW}$$

의 동력이 필요하다.

연습 문제

풀이와 해답 | p.221~222

8-1 질량이 m인 물체에 초기속도 v를 주고 바닥 위를 미끄러지게 했더니, s만큼 나아가고 정지하였다. 이 물체와 바닥 사이의 마찰 계수는 얼마인가?

8-2 10kg인 물체가 경사면을 (연직방향) 높이 $8\,\mathrm{m}$만큼 미끄러져 내려올 때의 속도가 $20\,\mathrm{cm/s}$이었다. 물체가 하강할 때까지 손실된 에너지는 얼마인가?

8-3 다음 그림과 같이, 질량이 m인 물체가 s만큼 압축된 스프링(스프링 상수 k)에 의해 방출될 때의 속도는 얼마인가?

8-4 한쪽이 회전지지된 길이 l의 봉 OA를 다음 그림과 같이, 수평으로 한 후 가만히 놓으면, 봉이 지지점의 바로 아래로 왔을 때의 봉 끝의 속도는 얼마인가?

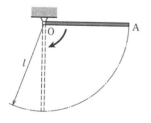

8-5 1000ton의 물을 $2\,\mathrm{m}$의 높이까지 퍼 올리는 데 $2\,\mathrm{kW}$의 모터를 사용하면, 얼마동안의 시간이 걸릴까?

8-6 물이 떨어지는 곳의 높이 $20\,\mathrm{m}$, 폭 $2\,\mathrm{m}$, 깊이가 $0.8\,\mathrm{m}$일 때, 물의 속도가 $6\,\mathrm{m/s}$인 폭포수의 에너지를 전부 유효하게 이용한다면 얼마만큼의 동력을 얻을 수 있는가?

8-7 1200 rpm으로 회전하는 $5\,\mathrm{kW}$의 모터의 토크는 얼마인가?

8-8 바이트로 강제 봉을 절삭할 때, 절삭 속도가 $25\,\mathrm{m/min}$인 상태에서 바이트에 작용하는 저항력이 5kN이라면, 절삭에 얼마만큼의 동력이 소비되는가?

8-9 총 질량 200ton의 열차가 기울기 $1/1000$의 비탈길을 $60\,\mathrm{km/h}$의 속도로 오르는데 얼마만큼의 동력이 필요할까? (단, 열차에는, 이것에 작용하는 중력의 약 0.5%의 마찰 저항이 작용하고 있다.)

8-10 그림 8-16에 나타낸 도르래에서 각 움직 도르래에 작용하는 중력 W를 고려하면, 물체를 끌어올리는 데 필요한 힘은 얼마나 될까?

제9장 운동량과 역적, 충돌

1 운동량과 역적

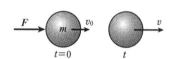

그림 9-1과 같이, 질량이 m인 물체에 크기 F의 힘이 작용하고, 짧은 시간 t 동안 그 속도가 v_0에서 v까지 바뀌었다고 하면, 그 가속도는

|그림| 9-1 물체에 작용하는 힘과 운동의 변화

$$a = \frac{v - v_0}{t} \tag{9 • 1}$$

이다. 뉴턴의 운동 제2법칙에 의해

$$F = \frac{m(v - v_0)}{t} \tag{9 • 2}$$

양변에 t를 곱해서

$$Ft = mv - mv_0 \tag{9 • 3}$$

가 얻어진다.

힘과 그것이 작용한 시간과의 곱을 **역적**(impulse)이라고 하며, 물체의 질량과 속도와의 곱을 **운동량**(momentum)이라고 한다. 식(9 • 3)은 일정한 힘 F가 질량이 m인 물체에 t시간 동안 작용해서 물체의 속도가 v_0에서 v로 변할 때, 그 사이의 운동량의 변화가 역적과 같다는 것을 나타낸다.

운동량의 변화가 일정할 때, 힘의 크기와 시간은 반비례하는 관계이기 때문에 짧은 시간에 일정 운동량의 변화를 주기 위해서는, 그만큼 큰 힘을 필요로 한다. 이러한 힘을 **충격력**(impulsive force)이라고 한다. 물체가 충돌하는 경우가 여기에 해당하는데, 운동하고 있는 물체가 갑자기 멈추거나 운동이 변하기 때문에 짧은 시간에 매우 큰 충격력이 작용한다. 이것을 방지하기 위해서는 가능한 한 긴 시간을 들여 운동량을 변화시켜야 한다. 항공기의 착륙장치(landing gear)나 수하물 상자 속에 넣는 완충 재료(cushion) 등은 이를 위한 것이다. 반대로, 해머나 화약 등은 이 충격력을 이용하여 물체의 파쇄나 가공을 하는 것이다.

힘 F가 시간과 함께 변화할 때는, 식($9 \cdot 3$)은 적분형

$$\int_0^t F dt = mv - mv_0 \qquad (9 \cdot 4)$$

로 주어진다.

• 예제 9-1 •

말뚝에 작용하는 힘

그림 9–2와 같이, $3\,\mathrm{m}$의 높이에서 $60\,\mathrm{kg}$의 해머를 낙하시켜 말뚝을 때려 박을 경우, 말뚝에 해머가 닿은 후 정지할 때까지 0.1초가 걸렸다. 그 사이 말뚝에 작용하는 지면의 반력은 얼마인가?

풀이

말뚝에 닿을 때의 해머의 낙하 속도는, 예제 4-5의 식(e)에 의해

$$v_0 = \sqrt{2gh} = \sqrt{2 \times 9.81 \times 3} = 7.67\,\mathrm{m/s}$$

식($9 \cdot 2$)에서 $v = 0$이라고 하면

$$F = \frac{0.060 \times (0 - 7.67)}{0.1} = -4.60\,\mathrm{kN}$$

으로, 말뚝에는 지면에서 윗 방향으로 반력[음($-$)의 힘]이 작용한다.

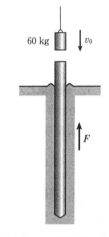

|그림| 9–2 말뚝을 박는 해머

---

2 흐름과 힘

안내 날개에 의해 방향이 바뀐 물의 흐름(수류)이나 덕트 내부 공기의 흐름을 생각해 보자. 그림 9–3과 같이 짧은 시간 Δt에, 질량이 Δm인 물 또는 공기가 있는 공간 S로 유입되고, 이것이 Δt 시간 후에 S에서 유출되었다고 하면, 역적과 운동량의 원리에 의해,

$$\Delta m(v' - v) = F\Delta t \qquad (9 \cdot 5)$$

가 성립한다. v는 유입되는 유체의 속도, v'는 유출되는 유체의 속도이며, F는 유체에 작용하는 힘을 나타낸다. 식($9 \cdot 5$)의 양변을 Δt로 나누면,

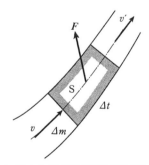

|그림| 9–3 구부러진 파이프 내의 흐름

$$F = Q(v' - v) \tag{9 \cdot 6}$$

로, $Q = \Delta m / \Delta t$는 단위 시간에 S를 흐르는 질량(유량)을 나타낸다. 이 경우, 안내 날개나 덕트에는 반작용의 힘 $-F$가 작용한다.

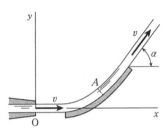

|그림| 9-4 안내 날개로 휘어진 수류

• 예제 9-2 •

안내 날개에 미치는 수류의 힘

그림 9-4와 같이 단면적 A, 속도 v의 수류의 방향이 고정 날개에 의해 각도 α만큼 휘어진다. 날개에 작용하는 힘은 얼마인가?

풀이

유체의 밀도를 ρ라고 하면, 유량은
$$Q = \rho A v \tag{a}$$
이다. 그림과 같이 좌표축을 잡으면, 안내 날개에 작용하는 반력에 대한 각 축방향의 분력은
$$\left. \begin{array}{l} F_x = -Q(v\cos\alpha - v) = \rho A v^2 (1 - \cos\alpha) \\ F_y = -Q(v\sin\alpha - 0) = -\rho A v^2 \sin\alpha \end{array} \right\} \tag{b}$$
따라서 그 크기는
$$F = \rho A v^2 \sqrt{(1 - \cos\alpha)^2 + \sin^2\alpha} = 2\rho A v^2 \sin\frac{\alpha}{2} \tag{c}$$
로, 방향은 y축과
$$\tan\Phi = -\frac{1 - \cos\alpha}{\sin\alpha} = -\tan\frac{\alpha}{2}, \; \Phi = -\frac{\alpha}{2} \tag{d}$$
즉, 오른쪽 아래 방향으로 날개가 휘어진 각도를 2등분하는 방향을 향하고 있다.

• 예제 9-3 •

제트 엔진의 추력과 동력

850 km/h의 (대기) 속도로 수평 비행하는 항공기가 1초당 60 kg의 공기를 엔진으로 흡입하여, 기체에 대해 700 m/s의 속도로 배출하고 있다. 이 항공기에 대한 엔진의 추력은 얼마인가? 또한, 이때의 동력은 얼마인가?

엔진의 흡기 속도는 항공기의 대기 속도와 같은

$$v = 850/3.6 = 235 \text{ m/s}$$

이므로, 식(9 • 6)에 의해 추력의 크기는

$$F = 0.060 \times (700 - 235) = 27.9 \text{kN}$$

동력은, 이것에 항공기의 속도를 곱한

$$P = 27.9 \times 235 = 6556.5 \text{ kW}$$

이다.

9-2 ▶ 각운동량과 각역적

앞 절에서 설명한 것과 동일한 관계가 회전하는 물체에도 성립된다. 각속도 ω_0로 회전하고 있는 물체에 크기 T의 토크가 작용하여 t초 동안 각속도가 ω가 되었다고 하면, 이때의 각가속도는

$$\alpha = \frac{\omega - \omega_0}{t} \qquad (9 \bullet 7)$$

회전축에서의 물체의 관성 모멘트를 I라고 하면

$$T = \frac{I(\omega - \omega_0)}{t} \qquad (9 \bullet 8)$$

또는, 이것을 바꾸어 표기하면

$$Tt = I\omega - I\omega_0$$

가 된다. 이 관성 모멘트와 각속도와의 곱을 **각운동량**(angular momentum)이라고 하고, 토크와 시간과의 곱을 **각역적**(angular impulse)이라고 한다. 이와 같이

일정 토크가 어떤 시간동안 물체에 작용하여 그 각속도가 변화할 때, 물체의 각운동량의 변화는 각역적과 같다.

그림 9-5와 같이, 축 OO'에서 r의 거리에 있는 질량 m의

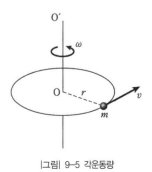

|그림| 9-5 각운동량

물체가 각속도 w로 축 주위를 회전할 때 물체의 관성 모멘트는 mr^2이므로, 각운동량의 크기는 $mr^2\omega$와 같다. 또한, 이 물체의 원주 속도는 $v=r\omega$이므로, 각운동량은 mvr이라고 쓸 수도 있다. mv는 이 물체의 운동량이므로 각운동량은 운동량의 모멘트라고 생각할 수도 있다.

토크 T가 시간과 함께 변할 때는, 식(9 • 9)의 관계는 적분형

$$\int_0^t T dt = I\omega - I\omega_0 \qquad\qquad (9 • 10)$$

으로 주어진다.

9-3 ## 운동량 보존의 법칙

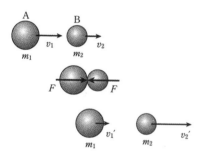

|그림| 9-6 운동량 보존의 법칙

그림 9-6과 같이, 각각 v_1, v_2의 속도로 운동하고 있던 질량 m_1, m_2의 두 물체 A, B가 짧은 t초 동안 서로 접촉했다가 떨어진 후 각각 속도 $v_1{}'$, $v_2{}'$가 되었다고 하자. 이 t초 사이에 물체 A가 물체 B에 크기 F의 힘을 주었다고 하면, 작용 반작용의 법칙에 따라 A는 B로부터 $-F$의 힘을 받는다. 이 접촉에 의한 양 물체의 운동량의 변화는

$$\left.\begin{array}{l} \text{A에 대해} \quad m_1(v_1{}'-v_1)= -Ft \\ \text{B에 대해} \quad m_2(v_2{}'-v_2)= Ft \end{array}\right\} \qquad (9 • 11)$$

로, 이 두 식의 양변을 더하여

$$m_1 v_1 + m_2 v_2 = m_1 v_1{}' + m_2 v_2{}' \qquad\qquad (9 • 12)$$

가 구해진다. 이와 같이

<u>두 물체에 외부로부터 힘이 작용하지 않고, 단지 내력만 작용할 때는 이 두 물체의 운동량의 합은 일정하다.</u>

이것을 **운동량 보존의 법칙**(law of conservation of momentum)

이라고 한다. 세 개 이상의 물체에 대해서도 마찬가지로, 외부에서 힘이 작용하지 않는 한, 운동량의 총합은

$$\sum m_i v_i = 일정 \qquad (9 \cdot 13)$$

하다.

회전 운동에서도 마찬가지로, 회전체에 외력이 작용하지 않거나 작용하더라도 그 회전축에서의 힘의 모멘트가 제로일 때, 그 축에 관한 각운동량은 일정하다. 이것을 **각운동량 보존의 법칙**(law of conservation of angular momentum)이라고 한다.

• 예제 9-4 •

파편의 운동

30 m/s의 속도로 날고 있는 1.2 kg의 물체가 폭발해서, 0.4 kg과 0.8 kg의 두 파편으로 나뉘었다. 폭발 직후, 파편은 그림 9-7에 나타낸 방향으로 날아갔다고 하면, 각 파편의 속도는 얼마인가?

풀이

폭발력은 내력이기 때문에 물체의 최초의 비행 방향과 이것에 직각인 방향의 운동량에는 변화가 없다. 폭발 직후의 파편의 속도를 각각 $v_1{}'$, $v_2{}'$라고 하면

$$1.2 \times 30 = 0.4 v_1{}' \cos 50° + 0.8 v_2{}' \cos 30°$$
$$0 = 0.4 v_1{}' \sin 50° - 0.8 v_2{}' \sin 30°$$

위의 식에 $\sin 30°$를, 밑의 식에 $\cos 30°$를 곱해서 더하면 $v_2{}'$는 없어지고

$$0.4 v_1{}' \sin(50° + 30°) = 1.2 \times 30 \sin 30°$$

가 된다. 따라서 여기서 $v_1{}' = 46$ m/s이고, 위의 제2식에 의해

$$0.8 v_2{}' \sin 30° = 0.4 \times 46 \sin 50°$$

로, $v_2{}' = 35.2$ m/s가 된다.

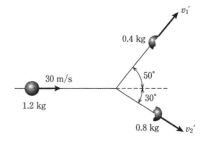

|그림| 9-7 파편의 운동

• 예제 9-5 •

원판의 연결

그림 9-8과 같이, 정지하고 있는 원판 A에 각속도 ω_2로

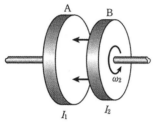

|그림| 9-8 원판의 연결

회전하고 있는 원판 B가 갑자기 클러치로 연결되었다. 두 원판의 관성 모멘트를 각각 I_1, I_2라고 하면, 연결 후의 각 속도는 얼마인가?

풀 이

연결 후의 각속도를 ω'라고 하면, 각운동량 보존의 법칙에 의해

$$I_2\omega_2 = (I_1 + I_2)\omega' \tag{a}$$

여기서 ω'를 풀면

$$\omega' = \frac{I_2}{I_1 + I_2}\omega_2 \tag{b}$$

가 된다.

9-4 ▶ 충돌

두 개의 물체가 서로 충돌할 때, 물체는 아주 짧은 시간에 큰 속도 변화를 받는다. 두 물체의 속도 방향이 그 접촉면과 직각인 경우를 **직접 충돌**(direct impact)이라고 하고, 그렇지 않은 경우를 **경사 충돌**(oblique impact)이라고 한다. 또한, 충돌할 때 두 물체 사이에 작용하는 힘의 작용선이 각각의 물체의 무게 중심을 지나는 경우를 중심 방향 충돌, 그렇지 않은 경우를 편심 충돌이라고 구별하고 있다.

1 중심 방향 직접 충돌

그림 9-6과 같이, 하나의 직선 위를 운동하는 질량이 m_1, m_2인 두 물체의 충돌 전 속도를 v_1, $v_2(v_1 > v_2)$라고 하고, 충돌 후 속도를 v_1', $v_2'(v_1' \leq v_2')$라고 하면, 운동량 보존의 법칙에 의해

$$m_1 v_1 + m_2 v_2 = m_1 v_1' + m_2 v_2' \tag{9 • 14}$$

가 성립한다.

속도 $v_1 - v_2$는 충돌 전 두 물체가 서로 접근하는 상대속도, $v_2' - v_1'$는 충돌 후 분리하는 상대속도로, 보통 이들 두 개의 속도비

$$e = \frac{v_2' - v_1'}{v_1 - v_2} \qquad (9 \cdot 15)$$

는, 두 물체의 재질에 따라 결정되는 일정한 값을 가지고 있다. 이 값을 **반발 계수**(coefficient of restitution)라고 한다.

식(9 • 14)와 (9 • 15)에서 v_1'과 v_2'를 풀면 충돌 직후의 속도가 구해진다. 즉

$$\left. \begin{array}{l} v_1' = v_1 - \dfrac{m_2}{m_1 + m_2}(1+e)(v_1 - v_2) \\[2ex] v_2' = v_2 + \dfrac{m_1}{m_1 + m_2}(1+e)(v_1 - v_2) \end{array} \right\} \qquad (9 \cdot 16)$$

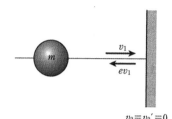

|그림| 9-9 벽에서 튀어 나오는 구

충돌 전후에 갖고 있던 운동 에너지는 각각

$$E = \frac{1}{2}m_1 v_1{}^2 + \frac{1}{2}m_2 v_2{}^2,$$

$$E' = \frac{1}{2}m_1 v_1'{}^2 + \frac{1}{2}m_2 v_2'{}^2 \qquad (9 \cdot 17)$$

그 차이를 구하면

$$\Delta E = E - E'$$

$$= \frac{1}{2}\frac{m_1 m_2}{m_1 + m_2}(1 - e^2)(v_1 - v_2)^2 > 0 \qquad (9 \cdot 18)$$

으로, 충돌에 의해 이 정도의 에너지가 손실되는 것이다.

그림 9-9와 같이, 물체가 벽이나 바닥과 같은 큰 물체에 충돌할 때는 식(9 • 16)에서 벽이나 바닥의 질량을 $m_2 = \infty$, 속도를 $v_2 = 0$으로 하면

$$v_1' = v_1 - (1+e)v_1 = -ev_1, \qquad (9 \cdot 19)$$

$$v_2' = 0$$

물체는 충돌 속도의 e배의 속도로 튀어나온다.

반발 계수가 $e = 1$일 때는 $\Delta E = 0$이고, 충돌에 의한 에너

지 손실은 전혀 없다. 이것을 **완전 탄성 충돌**(perfectly elastic collision)이라고 한다. 이와 반대로, $e = 0$일 때는 에너지 손실이 최대가 되어 충돌 후 속도는

$$v_1{}' = v_2{}' = \frac{m_1 v_1 + m_2 v_2}{m_1 + m_2} \qquad (9 \cdot 20)$$

가 되어 두 물체는 하나가 된 것처럼 운동한다. 이와 같은 충돌을 **완전 비탄성 충돌**(perfectly inelastic collision)이라고 한다. 위에 있는 예제 9-5는 이 경우에 해당한다.

보통, 반발 계수는 이 중간값($0 < e < 1$)을 가지며, 물체의 형태, 충돌 속도 등에 따라서도 다르지만, 대개 표 9-1에 나타낸 값을 가지고 있다. 단단한 물질에서는 e가 1에 가깝고, 부드러운 물질일수록 e의 값이 작다.

| 표 9-1 | 반발 계수

재질	e
상아-상아	0.95
유리-유리	0.95
코르크-코르크	0.55
나무-나무	0.50
주철-주철	0.65
강철-강철	0.55
황동-황동	0.35
납-납	0.20

· 예제 9-6 ·

반발 계수의 측정

강구를 $2\,\mathrm{m}$의 높이에서 바닥에 떨어뜨렸더니, 약 $1/3$의 높이까지 튀어 올랐다. 바닥과 강구의 반발 계수는 얼마인가?

풀이

강구가 바닥에 충돌할 때의 속도는 예제 4-5의 식(e)에서

$$v_1 = \sqrt{2 \times 9.81 \times 2} = 6.26\,\mathrm{m/s}$$

로, 튀어 오르는 속도는 $-v_1 = ev_1 = 6.26\,\mathrm{m/s}$이다. 이 속도로 다시 $(1/3) \times 2 = 0.67\,\mathrm{m}$까지 튀어 올라가므로

$$6.29 e = \sqrt{2 \times 9.81 \times 0.67} = 3.63\,\mathrm{m/s}$$

여기서, 약 $e = 0.58$이 된다.

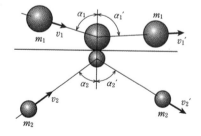

|그림| 9-10 중심 방향 경사 충돌

2 중심 방향 경사 충돌

그림 9-10과 같이 질량이 m_1, m_2인 두 개의 매끄러운 구가 비스듬하게 충돌할 경우를 생각해 보자. 두 구의 접촉면에 마찰력이 작용하지 않으면 접촉면 방향의 구의 속도 성분에는 변화가 없고, 충돌 전후에 변화하는 것은 구의 중심을 연결하는 직

선 방향의 속도 성분뿐이다. 두 구의 충돌 전 속도를 각각 v_1, v_2, 충돌 후 속도를 $v_1{}'$, $v_2{}'$ 라고 하고, 이들 구의 경로와 충돌 시 중심선 사이의 각도를 그림과 같이 잡으면, 접촉면 방향의 속도 성분은

$$v_1 \sin \alpha_1 = v_1{}' \sin \alpha_1{}', \ v_2 \sin \alpha_2 = v_2{}' \sin \alpha_2{}' \qquad (9 \cdot 21)$$

중심선 방향으로의 속도 성분에 대해서는, 중심 방향 충돌과 동일한 개념을 적용할 수 있으므로,

$$\left.\begin{array}{l} v_1{}' \cos \alpha_1{}' = v_1 \cos \alpha_1 - \dfrac{m_2}{m_1 + m_2}(1+e)(v_1 \cos \alpha_1 - v_2 \cos \alpha_2) \\[3mm] v_2{}' \cos \alpha_2{}' = v_2 \cos \alpha_2 + \dfrac{m_1}{m_1 + m_2}(1+e)(v_1 \cos \alpha_1 - v_1 \cos \alpha_2) \end{array}\right\} \qquad (9 \cdot 22)$$

가 된다. 식(9 • 21)과 (9 • 22)에서 충돌 후의 속도의 크기와 그 방향이 결정된다.

• 예제 9-7 •

바닥에 비스듬히 충돌하는 강구

그림 9–11과 같이, 강구가 $50°$의 각도로 매끄러운 바닥에 충돌했다. 강구와 바닥 사이의 반발 계수가 0.5, 충돌 속도가 20 m/s이었다고 하면, 충돌 후 속도의 크기와 방향은 얼마인가?

풀이

강구의 충돌 후의 속도를 $v_1{}'$, 바닥과의 사이의 각도를 $\alpha_1{}'$이라고 하면, 바닥 방향과 이것에 수직인 방향의 속도 성분은 각각

$$v_1{}' \cos \alpha_1{}' = 20 \cos 50° = 12.86 \,\text{m/s}$$
$$v_1{}' \sin \alpha_1{}' = 0.5 \times 20 \sin 50° = 7.66 \,\text{m/s}$$

따라서 구는 크기

$$v_1{}' = \sqrt{12.86^2 + 7.66^2} = 14.7 \,\text{m/s}$$

의 속도로 바닥과

$$\alpha_1{}' = \tan^{-1} \frac{7.66}{12.86} = 30°\,47'$$

의 각도의 방향으로 튀어 오른다.

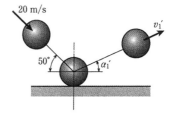

|그림| 9–11 바닥에서 비스듬히 튀어 오르는 강구

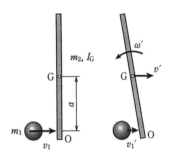

|그림| 9-12 구와 봉의 충돌

3 편심 충돌

그림 9-12와 같이, 질량이 m_1인 구가 정지하고 있는 강체 봉의 무게 중심 이외의 점에 수직으로 충돌하는 경우를 생각해 보자. 구의 충돌 전후의 속도를 각각 v_1, v_1'라고 하면, 충돌 시의 역적은

$$P = -m_1(v_1' - v_1) \tag{9 • 23}$$

이다. 봉의 질량을 m_2, 무게 중심에서의 관성 모멘트를 I_G라고 하고, 충돌 후의 무게 중심의 속도를 v', 회전 각속도를 ω'라고 하면, 무게 중심의 병진 운동과 무게 중심에서의 회전 운동에 대해

$$P = m_2 v', \quad Pa = I_G \omega' \tag{9 • 24}$$

가 성립한다. a는 봉의 무게 중심과 타격점 O 사이의 거리를 나타낸다. 충돌 후의 O점에서의 봉의 속도를 v_2'라고 하면

$$v_2' = v' + a\omega' = \frac{P}{m_2} + \frac{Pa^2}{I_G} = \frac{P}{m_2}\left(1 + \frac{a^2}{k_G{}^2}\right) \tag{9 • 25}$$

이 된다. k_G은 무게 중심에서 봉의 회전 반경을 나타낸다. 여기서

$$m_e = \frac{m_2}{1 + a^2/k_G{}^2} \tag{9 • 26}$$

로 놓으면, 식(9 • 25)는
$$P = m_e v_2' \tag{9 • 27}$$

라고 쓸 수 있다. 식(9 • 23)과 (9 • 27)을 같다고 놓고 정리하면

$$m_1 v_1 = m_1 v_1' + m_e v_2' \tag{9 • 28}$$

이고, 이것은 봉을 질량이 m_e인 구로 바꿨을 때의 운동량 보존

의 법칙을 나타낸다. 이 등가 질량 m_e를 **환산 질량(reduced mass)**이라고 한다. 구와 봉 사이의 반발 계수를 e라고 하면

$$v_2' - v_1' = ev_1 \qquad (9 \cdot 29)$$

이고, 식(9 • 28)과 (9 • 29)에 의해 충돌 후 속도

$$v_1' = \frac{m_1 - em_e}{m_1 + m_e}v_1, \quad v_2' = \frac{(1+e)m_1}{m_1 + m_e}v_1 \qquad (9 \cdot 30)$$

이 결정된다. 봉의 회전 속도는 식(9 • 24) 이하의 식에 의해

$$\omega' = \frac{Pa}{I_G} = \frac{(1+e)m_1 m_e a}{(m_1 + m_e)m_2 k_G^2}v_1 \qquad (9 \cdot 31)$$

이 된다.

4 타격 중심

위에서 언급한 봉에서 타격점 O의 반대 측에서, 무게 중심으로부터 b의 거리에 있는 점 O′의 속도는 $v' - b\omega'$이지만, b가

$$b = \frac{v'}{\omega'} \qquad (9 \cdot 32)$$

일 때, 봉의 병진 운동과 회전 운동이 상쇄되어 이 점의 속도는 제로가 된다. 식(9 • 24)에 의해 b의 값은

$$b = \frac{P/m_2}{Pa/I_G} = \frac{k_G^2}{a} \qquad (9 \cdot 33)$$

이 되고, a와 b의 사이에는

$$ab = k_G^2 \qquad (9 \cdot 34)$$

의 관계가 있다. 이때 O′점을 O점에 대한 **타격 중심(center of percussion)**이라고 한다.

반대로, O점은 O'점의 타격 중심이기도 하다. 야구 배트로 볼을 칠 경우, 타격 중심을 잡고 치면 손에 충격력이 느껴지지 않는다.

그림 9-13과 같이, 봉이 하나의 지지점 A로 지지되고 있으면, 이 점에서 반력을 받아 그 운동은 다른 것이 된다. 봉의 A점에 관한 관성 모멘트를 I_A, 타격점 O과의 거리를 l이라고 하면, A점에서의 각운동량 보존의 법칙으로

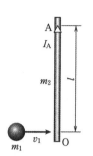

|그림| 9-13 한 점으로 지지된 봉과 구의 충돌

$$m_1 v_1 l = m_1 v_1' l + I_A \omega' \qquad (9 \cdot 35)$$

충돌 후의 O점의 속도는 $v_2' = I\omega'$로 쓸 수 있으므로

$$m_e^* = \frac{I_A}{l^2} = m_2 \frac{k_A^2}{l^2} \qquad (9 \cdot 36)$$

으로 놓으면, 다시 식(9 • 28)과 동일한 형태의 식

$$m_1 v_1 = m_1 v_1' + m_e^* v_2' \qquad (9 \cdot 37)$$

이 유도된다.

• 예제 9-8 •

한끝이 지지된 봉의 타격

길이 90 cm의 가늘고 긴 막대기의 한끝이 회전 지지되어 연직으로 매달려 있다. 지지점에 충돌력을 주지 않기 위해서는 어디를 치면 될까?

풀이

막대기의 중앙에 있는 무게 중심에서의 회전 반경은, 예제 6-4의 식(b)에 의해

$$k_G = \frac{90}{2\sqrt{3}} = 26.0 \text{ cm}$$

지지점에 충격력을 주지 않으려면 무게 중심에서 a의 거리에 있는 타격점에 대해 반대 측의 $b = 45$ cm의 거리에 있는 지지점이 타격의 중심에 있으면 된다. 따라서

$$a = \frac{k_G^2}{b} = \frac{26.0^2}{45} = 15.0 \text{ cm}$$

로, 봉의 하단으로부터 30cm의 위치를 치면 된다.

연습 문제

풀이와 해답 | p.221~222

9-1 정지하고 있는 질량 m의 물체에 다음 그림에 나타낸 반파 사인력

$$F(t) = F_0 \sin\left(\frac{2\pi}{T}t\right) \quad \left(0 < t < \frac{T}{2}\right)$$

가 작용하면 물체는 얼마의 속도로 운동할까?

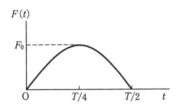

9-2 매 분당 10 ton의 물이 3 m/s의 속도로 벽에 수직으로 부딪힐 때 벽면이 받는 힘은 얼마인가?

9-3 제트기에는 착륙 거리를 짧게 하기 위해서 다음 그림과 같이 엔진의 배출 가스를 앞쪽으로 내뿜는 역분사 장치(thrust reverser)가 있다. 엔진이 매초 90 kg인 공기를 흡입하고, 이것을 앞쪽에 각도 20°, 속도 600 m/s로 분사할 때, 시속 200 km/h의 항공기에는 얼마만큼의 역추력이 작용할까?

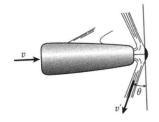

9-4 질량이 900 kg인 헬리콥터가 직경 9.5 m, 최대 풍속 12 m/s의 일정한 하강 기류를 생기게 할 수 있다. 이 헬리콥터가 낼 수 있는 최대의 힘은 얼마인가? 또한, 얼마만큼의 질량을 적재할 수 있겠는가? (단, 낮은 고도에서 공기의 밀도는 1.25 kg/m³이다.)

9-5 15 ton의 화물차가 3 m/s의 속도로, 정지하고 있는 25 ton의 다른 화물차에 연결되었다. 연결 후의 화물차의 속도는 얼마인가?
연결하는 데 0.4초가 걸렸다고 하면, 두 화물차 사이에 작용하는 평균 충격력은 얼마인가? (단, 화물차와 레일 사이의 마찰력은 무시하고 계산하시오.)

연습 문제

9-6 다음 그림과 같이 길이 1 m의 두 개의 줄에 매달린 5 kg의 물체에, 30 g의 납으로 된 구를 수평으로 쳤더니, 줄이 15° 기울었다. 납으로 된 구의 속도는 얼마인가?

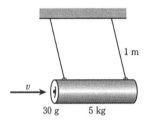

9-7 반발 계수가 0.6인 두 개의 구 A, B가 있다. 정지하고 있는 B구에 A구를 정면 충돌시켰더니, A구가 멈추고 B구가 움직이기 시작했다. 이 두 구의 질량비는 얼마인가?

9-8 다음 그림과 같이, 양끝에 동일한 질량 m을 장착한 길이 l의 가벼운 강체 봉을 수평으로 떨어뜨리고, 한끝에서 a점을, v의 속도로 단단한 받침점에 충돌시켰다. 그 후, 봉이 받침점을 중심으로 회전한다고 하면, 그 속도는 얼마인가?

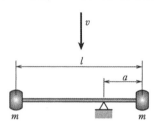

제10장 진동

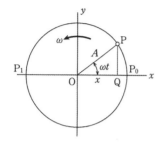

|그림| 10-1 일정 속도로 원운동을 하는 점

반경 A의 원주 위를 일정한 각속도 ω로 회전하는 점 P가 있다. 그림 10-1과 같이 직교 좌표계 $\mathrm{O}-xy$를 잡으면 x, y 축상에서 P점의 **정사영(正射影 ; orthogonal projection)**은 좌우와 상하로 왕복 운동을 한다. x축 위의 정사영 Q점의 좌표는 각 POQ를 θ로 하여 $x = A\cos\theta$이지만, P점이 최초 $(t=0)$ x축 위의 점 $\mathrm{P_0}$에 있었다고 하면, $\theta = \omega t$이므로,

$$x = A\cos\omega t \tag{10 • 1}$$

라고 쓸 수 있다. 이와 같이 사인 함수나 코사인 함수로 나타나는 운동을 **단진동(simple harmonic motion)**이라고 하고, A를 그 **진폭(amplitude)**이라고 한다. 그리고, P점이 원주를 일주해서 Q점이 x축상의 $\mathrm{P_0}$점에서 왼쪽 끝의 $\mathrm{P_1}$점에 도달하고, 다시 원래의 $\mathrm{P_0}$점으로 돌아올 때까지의 시간

$$T = \frac{2\pi}{\omega} \tag{10 • 2}$$

를 **주기(period)**, 그 역수인

$$f = \frac{1}{T} = \frac{\omega}{2\pi} \tag{10 • 3}$$

을 **진동수(frequency)**라고 한다. 진동수 f는 1초간의 진동 횟수로, Hz(헤르츠) 단위로 측정된다.

x축상의 Q점의 속도는 식(10 • 1)을 시간으로 미분해서 얻을 수 있고, 가속도는 이것을 한 번 더 시간으로 미분해서 얻을 수 있다. 즉,

$$v = \frac{dx}{dt} = -A\omega\sin\omega t \tag{10 • 4}$$

$$a = \frac{d^2t}{dt^2} = -A\omega\cos\omega t \tag{10 • 5}$$

속도는 진동의 중심 O에서 최댓값 $A\omega$를 가지며, 양끝에서 O이 된다. 이에 반해 가속도는 중심에서 제로(zero), 양끝에서 최댓값 $A\omega^2$를 갖는다. 그림 10–2에 x, v, a의 세 곡선을 나타내었다. 식(10 • 5)는

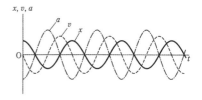

$$a = -\omega^2 x \qquad (10 \cdot 6)$$

|그림| 10–2 단진동

라고 쓸 수 있다. 여기서, 단진동에서 가속도는 중심으로부터의 변위에 비례하고, 항상 중심을 향해 있는 것을 알 수 있다.

식(10 • 6)은 미분 기호를 이용하여

$$\frac{d^2x}{dt^2} + \omega^2 x = 0 \qquad (10 \cdot 7)$$

이라고 쓸 수도 있다. 이 식은 2계 상미분 방정식으로, 식(10 • 1)은 그 풀이에 해당한다.

• 예제 10–1 •

물체의 튀어 오름

진폭 $2\,\mathrm{mm}$, 진동수 $5\,\mathrm{Hz}$로 진동하는 물체의 최대 속도와 최대 가속도는 얼마인가? 책상이나 테이블 위에 놓인 물체는 가속도가 중력가속도를 넘으면 튀어 오르기 시작한다. 튀어 오르지 않으려면 진폭은 얼마이어야 하는가?

풀이

최대 속도는
$$v_{\max} = 0.2 \times (2\pi \times 5) = 6.28\,\mathrm{cm/s}$$
최대 가속도는
$$a_{\max} = 0.2 \times (2\pi \times 5)^2 = 197.19\,\mathrm{cm/s^2}$$
이며, 이것이 $1\,g$을 넘지 않기 위해서는
$$a_{\max} = A\omega^2 < g \qquad \text{(a)}$$
따라서
$$A < \frac{g}{\omega^2} = \frac{9810}{(2\pi \times 5)^2} = 9.95\,\mathrm{mm} \qquad \text{(b)}$$
이어야 한다.

1 단진자

그림 10–3과 같이, 길이가 l인 가는 실의 끝에 질량이 m인 물체를 매달고, 다른 끝을 O점에서 고정하여 연직면 내에서 흔들면, O점을 중심으로 해서 반경 l의 원주 위를 왕복 운동한다. 이것을 **단진자**(simple pendulum)라고 한다.

실이 연직선에 대해 θ의 각도만큼 기울인 경우를 생각해 보자. 이때 물체에 작용하는 중력 mg를 실 방향의 성분과 이것에 수직인 방향의 성분으로 분해하면, 실 방향의 성분 $mg\cos\theta$는 실의 장력과 평형이 되어, 진자의 운동에는 직접 관여하지 않지만, 실에 수직인 성분 $mg\sin\theta$는 지지점에서 θ가 증가하는 방향과는 반대의 모멘트 $mgl\sin\theta$를 주게 된다. 진자의 각가속도를 α라고 하면, O점에서의 관성 모멘트는 ml^2이므로, 식(6 • 20)에 의해

$$ml^2\alpha = -mgl\sin\theta \qquad (10 \cdot 8)$$

가 성립한다. 흔들림의 각도 θ가 작을 때는 $\sin\theta \fallingdotseq \theta$라고 생각해도 문제가 없으므로

$$\alpha = -\frac{g}{l}\theta \qquad (10 \cdot 9)$$

또는

$$\frac{d^2\theta}{dt^2} + \frac{g}{l}\theta = 0 \qquad (10 \cdot 10)$$

이 된다. $\omega = \sqrt{g/l}$ 라고 놓으면, 식(10 • 9)와 (10 • 10)은 각각 식(10 • 6), (10 • 7)과 동일한 형태의 식이며 그 결과, 진자는 주기

$$T = 2\pi\sqrt{\frac{l}{g}} \qquad (10 \cdot 11)$$

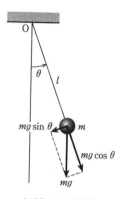

|그림| 10–3 단진자

진동수

$$f = \frac{1}{2\pi} \sqrt{\frac{g}{l}}$$ (10 • 12)

의 단진동을 한다. 이 경우 중력가속도 g를 일정하다고 간주하면, 진자의 주기는 그 길이에만 관계하고 진폭과 물체의 질량에는 영향을 받지 않는다. 이것을 진자의 **등시성** (isochronism)이라고 한다.

⋅ 예제 10-2 ⋅

진자의 길이

주기가 정확히 1초인 진자의 길이는 얼마인가? 또한, 주기가 5초인 진자에서는 길이가 얼마로 되는가?

풀이

식(10 • 11)을 길이 l로 정리하면

$$l = \left(\frac{T}{2\pi}\right)^2 g = \left(\frac{1}{2\pi}\right)^2 \times 981 = 24.8 \text{ cm}$$ (a)

진자의 길이는 주기의 제곱에 비례하므로, 주기가 5초인 진자에서는 25배의

$$l' = 0.248 \times 25 = 6.20 \text{ m}$$

가 된다.

주기가 긴 지진 파형을 기록하려면 똑같이 장주기의 지진계가 필요하지만, 이처럼 길이가 긴 진자에서는 실용적이지 않기 때문에 다음의 수평 진자가 응용된다.

2 수평 진자

그림 10-4와 같이 질량이 m인 물체를 강체 봉의 끝에 장착하고, 다른 끝의 받침축을 수평면에 대해 각도 α만큼 기울인 진자의 진동을 생각한다. 이 경우, 진자의 방향에 작용하는 중력가속도의 성분은 $g\cos\alpha$가 되므로, 식(10 • 11)의 g를 이것으로 바꿔 쓰면, 진자의 주기는

$$T' = 2\pi \sqrt{\frac{1}{g\cos\alpha}}$$ (10 • 13)

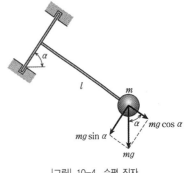

|그림| 10-4 수평 진자

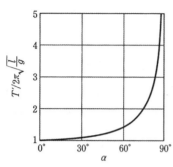

|그림| 10-5 수평 진자의 주기

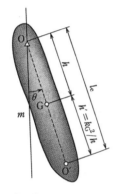

|그림| 10-6 물리 진자

이 된다. 그림 10-5에 각도와 주기(단진자의 주기와의 비) 사이의 관계를 나타내었다. 각도 α를 90°에 가깝게 하면 주기는 얼마든지 커진다. 주기가 길수록 회전축이 연직에 가깝고, 진자의 진동면이 수평에 가깝기 때문에 이것을 **수평 진자**(horizontal pendulum)라고 한다.

3 물리 진자

그림 10-6과 같이, 물체를 무게 중심을 지나지 않는 수평축으로 지지하여 매달았을 때의 진동을 생각해 보자. 물체의 질량을 m, 회전축인 O점에서의 관성 모멘트를 I_O라고 하고, O점과 무게 중심 G사이의 길이를 h라고 하면, 진자가 각도 θ만큼 약간 기울어졌을 때, 이것과는 반대 방향의 모멘트 $mgh\theta$가 작용한다. 그 결과, 식(10 • 6) 또는 (10 • 9)와 동일한 형태의 방정식

$$I_O\alpha = -mgh\theta \tag{10 • 14}$$

가 성립하며, 주기는

$$T = 2\pi\sqrt{\frac{I_O}{mgh}} \tag{10 • 15}$$

가 된다. 이러한 진자를 **물리 진자**(physical pendulum) 또는 **복진자**(compound pendulum)라고 한다.

O점에서의 물체의 회전 반경을 k_O라고 하면 $I_O = mk_O^2$이므로

$$T = 2\pi\sqrt{\frac{k_O^2}{gh}} \tag{10 • 16}$$

이 되지만, 거기에

$$l_e = \frac{k_O^2}{h} \tag{10 • 17}$$

으로 놓으면, 주기는 $T = 2\pi\sqrt{l_e/g}$ 가 되어 단진자의 주기와

같게 된다. 이러한 점에서 l_e를 **등가 단진자**(equivalent simple pendulum)의 길이라고 한다.

또한, 무게 중심을 지나고 O축에 평행한 축에서의 회전 반경을 k_G라고 하면, $k_O{}^2 = h^2 + k_G{}^2$이므로

$$l_e = h + \frac{k_G{}^2}{h} \qquad (10 \cdot 18)$$

이고, 선분 OG의 연장선상에 $GO' = k_G{}^2/h = h'$가 되도록 O'점을 잡으면, 선분 OO'는 등가 단진자의 길이가 된다. O'점을 이 진자의 진동 중심이라고 한다. $hh' = k_G{}^2$의 관계가 있기 때문에 h와 h'를 바꿔도 식($10 \cdot 18$)의 l_e의 길이는 변하지 않는다. 따라서 진동 중심을 진자의 지지점으로 하여도 그 주기는 달라지지 않는다.

어떤 물체를 임의의 축에서 진동시켜 주기 T를 측정하고 또한, 그 물체의 무게 중심에서 축까지의 거리 h를 측정하면, 식($10 \cdot 16$)에 따라 축에서의 회전 반경

$$k_O = \frac{T}{2\pi} \sqrt{gh} \qquad (10 \cdot 19)$$

이 구해진다. 무게 중심을 지나는 축에서의 회전 반경은

$$k_G{}^2 = k_O{}^2 - h^2 \qquad (10 \cdot 20)$$

으로 결정된다.

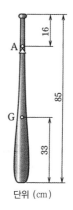

|그림| 10-7 금속제 배트

• 예제 10-3 •

금속제 배트의 관성 모멘트

그림 10-7과 같이 길이 85cm, 질량 950g의 야구 배트(금속제) 그립부의 중심 A를 지지점으로 해서 진동시켰더니 주기는 1.4초였다. 배트의 A점과 무게 중심을 지나는 축에서의 관성 모멘트는 얼마인가?

풀이

식(10 • 19)와 (10 • 20)에 의해 회전 반경은 각각

$$k_A = \frac{1.4}{2\pi} \sqrt{981 \times (85 - 16 - 33)} = 41.9 \text{cm}$$

$$k_G = \sqrt{42^2 - (85 - 16 - 33)^2} = 21.6 \text{cm}$$

따라서 관성 모멘트는

$$I_A = 0.95 \times 0.419^2 = 0.167 \text{kg} \cdot \text{m}^2$$

$$I_G = 0.95 \times 0.216^2 = 0.044 \text{kg} \cdot \text{m}^2$$

가 된다.

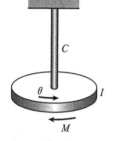

|그림| 10-8 원판의 비틀림 진동

4 비틀림 진자

그림 10-8에 나타낸 탄성축에 장착된 원판을 비틀었다가 놓으면, 축이 원래 상태로 돌아가려고 하는 탄성 모멘트에 의해 비틀림 진동을 한다. 이 복원 모멘트 M은 축의 비틀림 각도 θ에 비례하고, θ와 반대 방향을 향하고 있으므로 $M = -C\theta$ (C는 축의 비틀림 스프링 상수)라고 쓴다. 따라서 원판의 중심축에서의 관성 모멘트를 I라고 하면, 회전 운동의 방정식

$$I\alpha = -C\theta \qquad (10 \cdot 21)$$

가 성립하고, 진동의 주기는

$$T = 2\pi \sqrt{\frac{I}{C}} \qquad (10 \cdot 22)$$

가 된다. 이 경우도, 축의 비틀림 강성과 진동 주기를 측정하면 물체의 관성 모멘트를 구할 수 있다.

• 예제 10-4 •

기계의 관성 모멘트

피아노선의 끝에 기계 부품을 매달고 비틀었더니, 5.5초의 주기로 진동했다. 이 피아노선을 $30°$ 비트는 데 $0.40\text{N} \cdot \text{m}$의 모멘트가 필요하다면 부품의 관성 모멘트는 얼마인가?

30°는 $\pi/6 \text{rad}$이므로, 피아노선의 비틀림 스프링 상수는

$$C = \frac{0.40}{\pi/6} = 0.76 \text{N} \cdot \text{m}$$

식 (10 • 22)에 의해 이 부품의 관성 모멘트는 다음과 같이 된다.

$$I = \left(\frac{T}{2\pi}\right)^2 C = \left(\frac{5.5}{2\pi}\right)^2 \times 0.76 = 0.58 \text{kg} \cdot \text{m}^2$$

5 스프링 진자

그림 10-9와 같이, 스프링 상수가 k인 스프링에 매달린 질량이 m인 물체의 진동을 생각해 보자. 가만히 물체를 매달 때는 물체에 작용하는 중력 mg와 스프링의 복원력은 평형을 이루어 정지 상태를 유지한다. 이 위치를 O점으로 하고, 이때 스프링이 늘어난 길이를 s라고 하면, 스프링의 복원력은 ks(k는 스프링 상수)이며

$$ks = mg \qquad\qquad (10 \cdot 23)$$

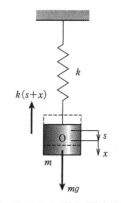

|그림| 10-9 스프링에 매달린 물체

가 된다. 물체가 이 위치보다 x만큼 더 아래쪽으로 운동할 때는, $mg - k(s+x) = -kx$의 x축과는 반대 방향으로 힘이 작용한다. 물체가 위쪽으로 운동할 때도 x에 비례하여 반대 방향의 힘이 작용하고, 그 결과

$$ma = -kx \qquad\qquad (10 \cdot 24)$$

또는

$$\frac{d^2x}{dt^2} + \frac{k}{m}x = 0 \qquad\qquad (10 \cdot 25)$$

의 관계가 성립한다. 따라서 물체는 주기

$$T = 2\pi\sqrt{\frac{m}{k}} \qquad\qquad (10 \cdot 26)$$

진동수

$$f = \frac{1}{2\pi} \sqrt{\frac{k}{m}} \qquad\qquad (10 \cdot 27)$$

의 단진동을 한다. 식(10 • 23)의 관계를 이용하면 진동수는

$$f = \frac{1}{2\pi} \sqrt{\frac{g}{s}} \qquad\qquad (10 \cdot 28)$$

로 주어지고, 물체의 질량과 스프링 상수를 알지 못해도 정휨 s의 값을 측정할 수 있으면, 여기서 바로 진동수가 구해진다.

이상의 관계는 물체를 탄성이 있는 지지물로 받치고 있어도 마찬가지다. 스프링이나 방진 고무로 지지된 기계, 보나 바닥 위의 물체, 타이어로 달리는 자동차 등 많은 기계와 구조물에서 발생하는 진동은 대부분 이러한 종류의 것이다.

질량과 스프링 상수로 정해지는 진동수는 기계나 구조물의 진동 특성을 조사하기 위해 특히 중요하며, 이것을 **고유 진동수(natural frequency)**라고 한다.

• 예제 10-5 •

기계의 고유 진동수

기계가 몇 개의 방진 고무로 단단한 기초 위에 지지되고 있다. 기계에 작용하는 중력 때문에 모든 방진 고무가 5mm만큼 압축되었다고 하면 이 기계의 고유 진동수는 얼마인가?

풀이

식(10 • 28)에 의해

$$f = \frac{1}{2\pi} \sqrt{\frac{981}{0.5}} = 7.05\text{Hz}$$

이다.

10-3 ▶ 감쇠 진동

실제로 기계나 구조물에서 발생하는 진동은 외부로부터 힘이 작용하지 않는 한, 시간이 경과하면서 작아지고 결국에는 없어진다. 이것은 기계나 구조물에 마찰이나 저항이 있기

때문이며, 이것에 의한 힘을 **감쇠력**(damping force)이라고 한다. 기계 중에는 진동이나 충격을 완화시키기 위한 댐퍼로서 이러한 감쇠력을 적극적으로 이용하고 있는 것이 있다.

감쇠력에는 여러 가지 종류가 있지만, 여기서는 운동의 속도 dx/dt에 비례하는 저항이 작용하는 경우를 생각해 보자. 물체의 질량을 m, 이것을 지지하는 스프링 상수를 k, 속도에 대한 감쇠력의 비례 상수(감쇠 계수)를 c라고 하면, 운동의 법칙에 의해

$$m\frac{d^2x}{dt^2} = -kx - c\frac{dx}{dt} \qquad (10 \cdot 29)$$

또는, 이것을 다시 써서

$$m\frac{d^2x}{dy^2} + c\frac{dx}{dt} + kx = 0 \qquad (10 \cdot 30)$$

이 성립한다. 이 식의 풀이는 다음과 같이 해서 구해진다. $x = Ce^{\lambda t}$로 놓고, 식 $(10 \cdot 30)$에 대입하면

$$C(m\lambda^2 + c\lambda + k)e^{\lambda t} = 0$$

이 되지만, $e^{\lambda t}$는 항상 0이 되지 않으므로 $C \neq 0$이기 위해서는

$$m\lambda^2 + c\lambda + k = 0 \qquad (10 \cdot 31)$$

이어야 한다. 이 식의 근은

$$\lambda = -\frac{c}{2m} \pm \frac{1}{2m}\sqrt{c^2 - 4mk} \qquad (10 \cdot 32)$$

로, $c^2 \gtreqless 4mk\,(c \gtreqless 2\sqrt{mk}\,)$에 의해 세 개의 다른 성질을 가지고 있다.

(1) $c > 2\sqrt{mk}$ 인 경우

λ는 서로 다른 음(−)의 실근 $\lambda_1 = \alpha_1$, $\lambda_2 = -\alpha_2(\alpha_1,\ \alpha_2 > 0)$를 가진다. 따라서 식$(10 \cdot 30)$의 일반해는

$$x = C_1 e^{-\alpha_1 t} + C_2 e^{-\alpha_2 t} \qquad (10 \cdot 33)$$

라고 쓸 수 있다. C_1과 C_2는 임의의 적분 상수로, 초기 조건(초기 변위와 초기 속도)

에 의해 정해진다.

$$t = 0 \text{이고 } x = x_0, \frac{dx}{dt} = 0 \qquad (10 \cdot 34)$$

이라고 하면

$$x_0 = C_1 + C_2, \ 0 = -\alpha_1 C_1 - \alpha_2 C_2$$

이고, 여기서 C_1과 C_2를 구해서 식(10 · 33)에 대입하면

$$x = \frac{x_0}{\alpha_2 - \alpha_1}(\alpha_2 e^{-\alpha_1 t} - \alpha_1 e^{-\alpha_2 t}) \qquad (10 \cdot 35)$$

가 된다. 이 경우의 운동은 그림 10-10(a)와 같이 감쇠 운동이 된다.

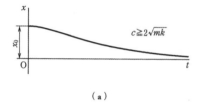

(a)

(2) $c = 2\sqrt{mk}$인 경우

식(10 · 31)의 근은 중근 $\lambda = -c/2m$으로, 이것을 $-\alpha$ 라고 놓으면, 식(10 · 30)의 일반해는

$$x = e^{-\alpha t}(C_1 + C_2 t) \qquad (10 \cdot 36)$$

가 된다. 다시 초기 조건(10-34)으로 C_1, C_2를 계산 하면

$$x = x_0 e^{-\alpha t}(1 + \alpha t) \qquad (10 \cdot 37)$$

이고, 이 경우도 그림 10-10(a)와 상당히 유사한 감쇠 운 동을 한다.

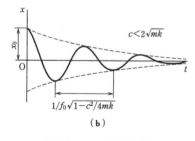

(b)

|그림| 10-10 감쇠계의 운동

(3) $c < 2\sqrt{mk}$인 경우

식(10 · 32)로 주어진 근은 한 쌍의 켤레 복소수 근이 된 다. 이것을
$\lambda_1 = -a + j\beta$, $\lambda_2 = -a - j\beta$로 놓으면, 식(10 · 30)의 일반해는

$$x = e^{-at}\left(C_1 e^{j\beta t} + C_2 e^{-j\beta t}\right) \tag{10 · 38}$$

$$= e^{-at}\left[C_1\left(\cos\beta t + j\sin\beta t\right) + C_2\left(\cos\beta t - j\sin\beta t\right)\right]$$

$$= e^{-at}\left(C\cos\beta t + D\sin\beta t\right)$$

$$\left[\,C = C_1 + C_2, \ D = j\left(C_1 - C_2\right)\right]$$

초기 조건(10 · 34)으로 적분 상수를 결정하면 $C = x_0$, $D = (\alpha/\beta)x_0$로

$$x = x_0 e^{-at}\left(\cos\beta t + \frac{\alpha}{\beta}\sin\beta t\right) \tag{10 · 39}$$

가 된다. 이 경우는 진폭이 그림 10-10(b)에 나타낸 지수 함수적으로 감소하는 감쇠 진동이 된다. 여기서

$$\beta = \frac{1}{2m}\sqrt{4mk - c^2} = \sqrt{\frac{k}{m}}\sqrt{1 - \frac{c^2}{4mk}}$$

따라서

$$f = \frac{\beta}{2\pi} = f_0\sqrt{1 - \frac{c^2}{4mk}}\left(f_0 = \frac{1}{2\pi}\sqrt{\frac{k}{m}}\right) \tag{10 · 40}$$

는 감쇠 진동의 진동수에 해당하고, 감쇠가 없는 진동계의 고유 진동수 f_0에 비해 조금 작은 것을 알 수 있다.

10-4 ▶ 강제 진동

1 강제 진동

앞에서 설명한 것처럼 진동의 진폭은 감쇠 작용 때문에 점점 줄어들지만 외부에서 지속적인 주기력이 작용할 때는 일정한 진동이 지속된다. 그림 10-11에 나타낸 진동계에 작용하는 주기력을 $F\sin\omega t$라고 하면, 운동 방정식은

$$m\frac{d^2x}{dt^2} + c\frac{dx}{dt} + kx = F\sin\omega t \tag{10 · 41}$$

로 주어진다. 이 식의 일반해는 우변을 제로로 하는 해와 힘에 의한 특수해의 합으로 주어지는데, 시간이 지나면서 전자는 결국 감쇠해서 소멸하고 후자에 의한 정상해만 남는다. 이 해를

$$x = A^* \sin \omega t + B^* \cos \omega t$$

라고 쓰고, 식(10 • 41)에 넣어 정리하면

$$[(k - m\omega^2)A^* - c\omega B^*] \sin \omega t$$
$$+ [c\omega A^* + (k - m\omega^2)B^*] \cos \omega t$$
$$= F \sin \omega t$$

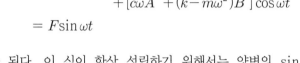

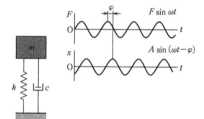

|그림| 10-11 가진력과 기계의 응답

가 된다. 이 식이 항상 성립하기 위해서는 양변의 $\sin \omega t$와 $\cos \omega t$의 계수가 서로 같아야 한다. 즉

$$(k - m\omega^2)A^* - c\omega B^* = F, \quad c\omega A^* + (k - m\omega^2)B^* = 0$$

으로, 이 식에서 A^*, B^*를 풀어서

$$x = \frac{F}{(k - m\omega^2)^2 + (c\omega)^2} [(k - m\omega^2)\sin \omega t - c\omega \cos \omega t]$$
$$= A \sin (\omega t - \varphi) \qquad (10 \cdot 42)$$

가 구해진다. 여기서

$$A = \frac{F}{\sqrt{(k - m\omega^2)^2 + (c\omega)^2}},$$
$$\varphi = \tan^{-1} \frac{c\omega}{k - m\omega^2} \qquad (10 \cdot 43)$$

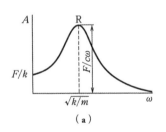

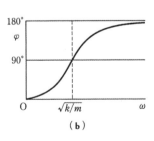

|그림| 10-12 응답 진폭과 위상 지연

이다. 이에 따라 그림 **10-11**과 같이 기계는 이것에 작용하는 가진력의 진동수 ω와 동일한 진동수를 가지며, 힘의 크기 F에 비례하는 진폭으로 진동하지만, 힘에 비해 그 응답은 각도 φ (진동의 위상) 만큼 늦어지는 것을 알 수 있다.

그림 **10-12(a)**는 진동수와 진폭의 관계, 그림(b)는 위상의 지연을 나타낸다. 가진 진동수 ω가 작을 때는 $A \risingdotseq F/k$로, 응답

의 진폭은 대략 정적인 힘에 의한 휨과 같지만, 진동수가 커짐에 따라 진폭이 점점 커져서 기계의 고유 진동수 $\omega = \sqrt{k/m}$ 에 도달하면 최댓값에 가까운

$$A = \frac{F}{c\omega} \qquad\qquad (10 \cdot 44)$$

가 된다. 감쇠가 작은 진동계에서는 그만큼 진폭이 크고, 감쇠가 전혀 없는 ($c = 0$) 진동계에서는 무한대가 된다. 이 현상을 **공진(resonance)**이라고 한다. 힘의 진동수가 이것보다 더욱 증가하면 반대로 진폭은 작아진다.

• 예제 10-6 •

기계의 공진

스프링 상수가 $50\,\mathrm{kN/m}$인 스프링으로 지지되고 있는 $80\mathrm{kg}$의 기계의 공진 진동수는 얼마인가? 이 기계에 $20\mathrm{N}$ 크기의 사인방향 힘이 작용했을 때의 공진 진폭을 측정했더니 $1.8\mathrm{mm}$이었다. 이 실의 감쇠 계수는 얼마인가?

풀이

공진 진동수는 이 기계의 고유 진동수와 같으므로

$$f = \frac{1}{2\pi} \sqrt{\frac{50 \times 10^3}{80}} = 3.98\,\mathrm{Hz}$$

감쇠 계수는 식(10 · 44)를 역으로 계산하여

$$c = \frac{F}{A\omega} = \frac{20}{1.8 \times 10^{-3} \times (2\pi \times 3.98)} = 444.5\,\mathrm{N/(m/s)}$$

이 된다.

---

2 진동의 절연

힘을 발생하는 기계와 진동하는 기계를 직접 기초에 설치하거나 구조물에 단단히 장착하면 기계에 작용하는 힘이 그대로 지지물에 전달되어 주위에 좋지 않은 영향을 준다. 또한, 이와 반대로 정밀한 장치나 기기가 주위의 진동으로 인해 나쁜 영향을 받거나, 자동차나 철도 차량과 같이 노면의 요철에 의한 진동으로 인해 승차감이 나빠지는 경우도 있다. 어느 경우든 이 전달되는 힘이나 진동을 최대한 작게 할 필요가 있으며, 이를 위해 기계의 지지 방법에 대한 다양한 아이디어가 적용되고 있다.

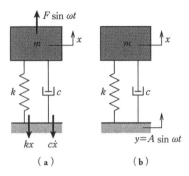

|그림| 10-13 힘과 변위의 전달

그림 10-13(a)와 같이 스프링 k와 댐퍼 c로 지지된 기계에 $F\sin\omega t$의 주기력이 작용하면, 기계에는 식(10 • 42)로 주어진 변위가 발생한다. 그 결과, 기초나 지지물에는 스프링을 통해 kx, 댐퍼를 통해 $c(dx/dt)$의 힘이 전해진다. 이 힘을 F'라고 하면

$$F' = kx + c\frac{dx}{dt}$$

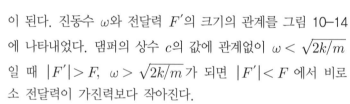

$$= \frac{F}{\sqrt{(k-m\omega^2)^2+(c\omega)^2}}\left[k\sin(\omega t-\varphi)+c\omega\cos(\omega t-\varphi)\right]$$

$$(10 • 45)$$

로, 힘의 크기만 문제로 하면

$$|F'| = F\sqrt{\frac{k^2+(c\omega)^2}{(k-m\omega^2)^2+(c\omega)^2}} \qquad (10 • 46)$$

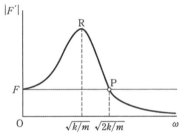

|그림| 10-14 전달력의 크기

이 된다. 진동수 ω와 전달력 F'의 크기의 관계를 그림 10-14에 나타내었다. 댐퍼의 상수 c의 값에 관계없이 $\omega < \sqrt{2k/m}$일 때 $|F'|>F$, $\omega > \sqrt{2k/m}$가 되면 $|F'|<F$에서 비로소 전달력이 가진력보다 작아진다.

다음으로 그림 10-13(b)와 같이 기초가 $y = A\sin\omega t$로 진동하는 경우를 생각해 보자. 이때의 기계의 변위를 x라고 하면, 스프링과 댐퍼의 변위는 기계와 기초 사이의 상대 변위 $x-y$와 같으므로, 이 경우의 운동 방정식은

$$m\frac{d^2x}{dt^2} = -c\left(\frac{dx}{dt}-\frac{dy}{dt}\right)-k(x-y)$$

가 된다. 이것을 다시 쓰면

$$m\frac{d^2x}{dt^2}+c\frac{dx}{dt}+kx = ky+c\frac{dy}{dt} \qquad (10 • 47)$$

로, 기초의 변위가 스프링과 댐퍼를 통해 기계에 가진력으로 작

용하는 것이 된다. 변위가 $y = A\sin\omega t$일 때 식(10 • 47)은

$$m\frac{d^2x}{dt^2} + c\frac{dx}{dt} + kx = A(k\sin\omega t + c\omega\cos\omega t)$$
$$= A\sqrt{k^2 + (c\omega)^2}\,\sin(\omega t + \alpha)$$

로, 기계의 진폭은

$$A' = A\sqrt{\frac{k^2 + (c\omega)^2}{(k - m\omega^2)^2 + (c\omega)^2}} \qquad\qquad (10 • 48)$$

이 된다. 이 관계는 식(10 • 46)의 힘의 관계와 완전히 동일하며, 전달력을 줄이는 진동 절연 재료는 전달 변위를 작게 하는 것이 좋은 재료라고 할 수 있다.

• 예제 10-7 •

진동 절연 스프링의 강성

스프링 k로 지지된 질량이 m인 기계에 가진력 $F\sin\omega t$가 작용할 때, 스프링에 의해 바닥에 전달되는 힘을 가진력의 $1/n\,(<1)$ 이하로 하기 위해서는 스프링 상수를 얼마로 하면 좋은가?

풀이

감쇠를 무시하면 식(10 • 46)에 의해

$$|F'| = F\frac{k}{|k - m\omega^2|} < \frac{1}{n}F \qquad\qquad \text{(a)}$$

가 된다. 전달력이 가진력보다 작아지는 것은 $\omega = \sqrt{2k/m}$ 또는 $m\omega^2 > 2k$일 때이므로, 이것을 고려하여 식(a)에서 k를 풀면

$$k < \frac{m\omega^2}{1 + n} \qquad\qquad \text{(b)}$$

으로, 부드러운 스프링을 사용할 필요가 있다.

연습 문제

풀이와 해답 | p.224

10-1 진폭 5mm, 진동수 8Hz로 진동하는 물체의 최대 속도와 최대 가속도는 얼마인가?

10-2 다음 그림과 같이 편심축 O를 중심으로 등속 회전을 하는 원판에 접촉하여 운동하는 밸브가 상하 방향으로 단진동하는 것을 설명하시오.

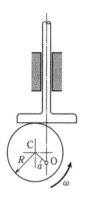

10-3 질량이 m인 물체를 다음 그림과 같이 스프링 상수가 k인 두 개의 병렬 스프링으로 매달았을 때의 고유 진동수는 얼마인가?

또한, 그림(b)와 같이 두 개의 직렬 스프링으로 매달 때는 어떠한가?

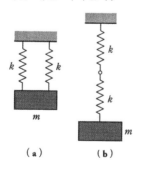

(a)　　(b)

10-4 다음 그림과 같이 질량이 m, 길이가 l인 봉의 한끝 O가 회전지지되고, 중앙은 스프링 상수가 k인 스프링으로 $45°$의 방향에서 지지되고 있다. 이 봉의 고유 진동수는 얼마인가?

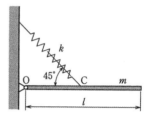

10-5 고유 진동수가 5.0Hz인 기계에 5kg의 물체를 장착했더니, 고유 진동수가 4.5Hz가 되었다. 이 기계의 가동부 질량과 이것을 지지하는 스프링 상수는 얼마인가?

10-6 그림 3-25에 나타낸 배의 질량이 m, 무게 중심에서의 관성 모멘트가 I로, 메타센터가 무게 중심의 위치보다 h만큼 위에 있을 때, 롤링의 고유 진동수는 얼마인가?

10-7 다음 그림과 같이 한끝이 회전지지되고, 다른 끝에 질량이 m인 가벼운 강체 봉의 A점이 스프링 k로 지지되고 있을 때의 봉의 회전 운동 방정식을 유도하고, 이것으로 고유 진동수를 구하시오. 또한, A점에 댐퍼 c가 장착되었을 때는 어떻게 되는가?

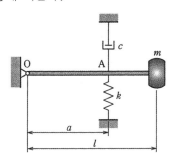

10-8 $1\,\text{m/s}$의 속도에 대해 5kN의 저항을 가진 오일 댐퍼의 실린더를 고정하고, 질량이 $1.4\,\text{kg}$인 피스톤에 진폭 12mm, 매 분당 90사이클의 진동을 주기 위해서는 얼마의 가진력이 필요한가?

10-9 다음 그림은 울퉁불퉁한 도로를 달리는 자동차의 간단한 역학 모델이다. 도로의 요철이 사인 함수

$$y = A \sin\left(\frac{2\pi x}{\lambda}\right) \quad (\lambda \text{는 파장})$$

로 주어진다고 하고, 자동차의 상하 진동식을 유도하시오. 자동차의 진폭이 커지는 것은 속도가 얼마일 때인가?

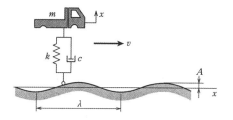

10-10 스프링으로 지지된 80kg의 기계에 크기 60N, 진동수 12Hz의 주기력이 작용한다. 이 힘의 절반 이상을 외부로 전달하지 않기 위해서는 기계의 고유 진동수가 얼마이어야 하는가?
이때의 스프링 상수는 얼마인가?

제11장 입체적인 힘의 평형

하나의 평면 위에 없는 입체적인 힘에 대해서도, 1장과 2장에서 설명한 하나의 평면내의 힘과 동일하게, 도식 해법 또는 벡터 계산에 의해 다룰 수 있지만, 이것으로는 조금 이해하기 어려운 점도 있기 때문에 오히려 해석적으로 계산하는 편이 알기 쉽다.

11-1 힘의 합성과 분해

1 한 점에 작용하는 힘

우선, 그림 11-1에 나타낸 힘 F를 작용점 O을 원점으로 하는 직교 좌표계 O$-xyz$의 각 축의 방향의 성분으로 분해해 보자. F와 x, y, z축 사이의 각도를 각각 α, β, γ라고 하면, 각 축 방향의 성분은 이들의 축에 대한 힘의 정사영(正射影 ; orthogonal projection)

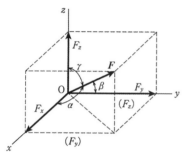

|그림| 11-1 입체적인 힘의 합성과 분해

$$\begin{cases} F_x = F\cos\alpha \\ F_y = F\cos\beta \\ F_z = F\cos\gamma \end{cases} \tag{11 • 1}$$

로 주어진다. 이것이 평면의 경우의 식(1 • 3)에 해당한다.

이것과 반대로, 힘이 세 개의 직교 성분으로 주어질 때는 피타고라스의 정리에 의해 그 크기는

$$F = \sqrt{F_x^2 + F_y^2 + F_z^2} \tag{11 • 2}$$

방향은

$$\cos\alpha = \frac{F_x}{F}, \ \cos\beta = \frac{F_y}{F}, \ \cos\gamma = \frac{F_z}{F} \tag{11 • 3}$$

로 주어진다.

식(11 • 1)을 식(11 • 2)에 대입해서 제곱하면,

$$\cos^2\alpha + \cos^2\beta + \cos^2\gamma = 1 \qquad\qquad (11 \cdot 4)$$

이고, 이 식은 방향 코사인의 성질을 나타낸다.

한 점에 작용하는 많은 힘 F_i를 합성하기 위해서는, 1–4절에서 설명한 것과 같이, 각 힘의 직교 성분의 합을 구하고, 식(11 · 2)에 의해 합성하면 좋다. 즉, 합력의 크기는

$$R = \sqrt{\left(\sum F_{i,\ x}\right)^2 + \left(\sum F_{i,\ y}\right)^2 + \left(\sum F_{i,\ z}\right)^2} \qquad\qquad (11 \cdot 5)$$

이고, 그 방향은

$$\cos\alpha = \frac{1}{R}\sum F_{i,\ x}, \ \ \cos\beta = \frac{1}{R}\sum F_{i,\ y},$$

$$\cos\gamma = \frac{1}{R}\sum F_{i,\ z} \qquad\qquad (11 \cdot 6)$$

로 결정된다.

• 예제 11–1 •

서로 수직인 세 개의 힘

서로 수직인, 크기 100N, 200N, 300N의 세 개의 합력을 구하시오.

풀이

식(11 · 2)에 의해, 합력의 크기는

$$F = \sqrt{100^2 + 200^2 + 300^2} = 374.2\text{N}$$

또한, 식(11 · 3)에 의해, 합력과 각각의 힘 사이의 각도는

$$\alpha = \cos^{-1}\frac{100}{374.2} = 74°\ 30', \ \ \beta = \cos^{-1}\frac{200}{374.2} = 57°\ 41',$$

$$\gamma = \cos^{-1}\frac{300}{374.2} = 36°\ 42'$$

가 된다.

---

2 강체에 작용하는 힘

2–2절에 설명한 것과 같이, 그림 11–2에 나타낸 점 $\mathrm{P}(x,\ y,\ z)$에 작용하는 힘 F에 의한 z축에서의 모멘트는 x, y방향의 분력을 이용해서

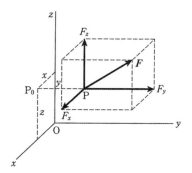

|그림| 11-2 힘에 의한 모멘트

$$M_z = F_y x - F_x y \tag{11 • 7}$$

로 주어진다. 이와 마찬가지로 x, y축에서의 모멘트는 각각

$$M_x = F_z y - F_y z, \tag{11 • 8}$$

$$M_y = F_x z - F_z x$$

가 된다.

강체에 몇 개의 점 P_i에 힘 F_i가 작용할 때, 이 물체에는, 식 (11 • 5), (11 • 6)으로 주어진 합력 외에, 각 축에서 이들의 합 모멘트가 작용한다. 특히, 그림 11-3과 같이, 몇 개의 점 $P_i(x_i, y_i)$에 z축에 평행한 힘 F_i가 작용할 때는, 합력의 크기는

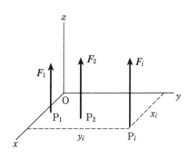

|그림| 11-3 평행한 힘에 의한 모멘트

$$R = \sum F_i \tag{11 • 9}$$

로, x, y축에서

$$m_x = \sum F_i y_i, \quad M_y = -\sum F_i x_i \tag{11 • 10}$$

의 모멘트가 발생한다.

• 예제 11-2 •

그림 11-4에 나타낸 바와 같이, 칠각형의 각 정점에 크기가 80N인 평행한 힘이 이것과 수직으로 작용할 때의 합력을 구하시오.

풀이

합력의 크기는 $R = 80 \times 7 = 560N$으로, 그 작용점 $\overline{P}$는 칠각형의 대칭축 위에 있다. 그림과 같이 좌표축을 잡고, $\overline{P}$점의 좌표를 $\overline{x}$라고 하면, y축에서의 모멘트는

$$M_y = 80 \times (20 + 2 \times 20 \cos 30° + 2 \times 20 \cos 60°) = 560 \overline{x}$$

로, 여기서

$$\overline{x} = \frac{1}{7} \times 20 \times (1 + 2 \cos 30° + 2 \cos 60°) = 10.7 \text{cm}$$

가 된다.

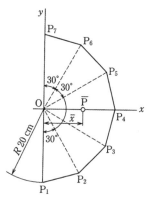

|그림| 11-4 칠각형의 정점에 작용하는 평행력

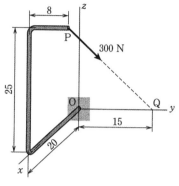

|그림| 11-5 굽은 파이프에 작용하는 힘

• 예제 11-3 •

굽은 파이프에 작용하는 힘

그림 11-5에 나타낸 바와 같이, 2개의 지점에서 직각으로 굽은 파이프의 끝 P를, 300N의 힘으로 Q점의 방향으로 잡아당기면, 파이프의 고정부에는 얼마만큼의 모멘트가 작용하는가?

풀이

그림과 같이 직교 좌표를 잡으면, P점의 좌표는 (20, 8, 25)cm, Q점의 좌표는 (0, 15, 0)cm로, 선분 PQ의 길이는

$$\overline{PQ} = \sqrt{(-20)^2 + (15-8)^2 + (-25)^2}$$
$$= 32.8 \text{cm}$$

따라서 선분 PQ의 방향코사인은

$$(\cos\alpha, \cos\beta, \cos\gamma) = \frac{1}{32.8}(-20, 7, -25)$$
$$= (-0.61, 0.21, -0.76)$$

으로, P점에 작용하는 힘의 직교 성분은

$$(F_x, F_y, F_z) = 300 \times (-0.61, 0.21, -0.76)$$
$$= (-183, 63, -228) \text{N}$$

이 된다. 식(11 • 7)과 (11 • 8)에 의해, O점에 작용하는 각 축에서의 모멘트는

$$M_x = -228 \times 0.08 - 63 \times 0.25 = -34.0 \text{N} \cdot \text{m}$$
$$M_y = -183 \times 0.25 - (-228) \times 0.20 = -0.15 \text{N} \cdot \text{m}$$
$$M_z = 63 \times 0.20 - (-183) \times 0.08 = 27.2 \text{N} \cdot \text{m}$$

x축에서의 모멘트는 파이프의 고정부에 작용하는 비틀림 모멘트로, z축에서의 모멘트는 굽힘 모멘트이다. y축의 점에서 잡아당기고 있는데도 y축에서의 모멘트는 거의 작용하지 않는다.

11-2 ▶ 힘의 평형

물체의 한 점에 몇 개의 힘이 작용하고, 이들이 평형을 이루기 위해서는 그 합력이 제로가 되어야 한다. 따라서

$$\sum F_{i, x} = 0, \ \sum F_{i, y} = 0, \ \sum F_{i, z} = 0 \quad (11 \cdot 11)$$

또한, 강체의 각점에 작용하는 힘이 평형이 되기 위해서는, 식(11 • 11) 외에, 각 축에서의 모멘트가 제로로 되어야 하므로, 식(11 • 7)과 (11 • 8)에 의해

$$\begin{cases} \sum (F_{i,\ z} y_i - F_{i,\ y} z_i) = 0 \\ \sum (F_{i,\ x} z_i - F_{i,\ z} x_i) = 0 \\ \sum (F_{i,\ y} x_i - F_{i,\ x} y_i) = 0 \end{cases} \qquad (11 \cdot 12)$$

이 되어야 한다.

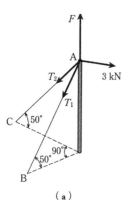

(a)

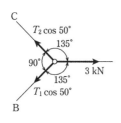

(b)

|그림| 11-6 수평력을 지지하는 버팀목과 로프

• 예제 11-4 •

수평력을 지지하는 버팀목과 로프

그림 11-6(a)에 나타낸 크기 3kN의 수평력을 지지하는 버팀목과 로프에 작용하는 힘을 구하시오.

풀이

각각의 로프에 작용하는 장력을 T_1, T_2라고 하고, 버팀목에 작용하는 (압축)힘을 F라고 하면, 그림(b)에 나타낸 버팀목에 수직인 수평면내의 힘의 평형에 의해

$$\frac{T_1 \cos 50°}{\sin 135°} = \frac{T_2 \cos 50°}{\sin 135°} = \frac{3}{\sin 90°}$$

따라서 2개의 로프에 작용하는 장력과 같고

$$T_1 = T_2 = \frac{3 \sin 45°}{\cos 50°} = 3.30 \text{kN}$$

또한, 버팀목 방향의 힘의 평형에서

$$T_1 \sin 50° + T_2 \sin 50° - F = 0$$

으로, 버팀목의 크기는

$$F = 2 \times 3.3 \sin 50° = 5.05 \text{kN}$$

의 압축력이 작용한다.

• 예제 11-5 •

권양기에 작용하는 힘

그림 11-7에 나타낸 권양기로 100kg의 물체를 매달아 올린다. 이때 로프에 작용하는 장력과 베어링 A, B에 작용

하는 힘은 얼마인가?

풀이

그림과 같이, 베어링 A을 원점으로 하는 직교 좌표계 $A-xyz$를 잡으면, 권양기의 축 방향에는 힘이 작용하지 않으므로, 모든 힘은 xz면에 평행이다. 베어링 A, B에서의 반력을 R_A, R_B, 이것들의 x, z축 방향의 성분을 각각 (X_A, Z_A), (X_B, Z_B)라고 하고, 로프에 작용하는 장력을 T라고 하면, 우선 힘의 평형에서

$$X_A + X_B = T, \; Z_A + Z_B = 100 \times 9.81$$

각 축에서의 모멘트의 평형에서

$$Z_B \times (26+26) = 981 \times 26$$

$$X_B \times (26+26) = T \times (26+26+14)$$

$$T \times \frac{50}{2} = 981 \times \frac{30}{2}$$

이 구해진다. 이들의 식을 풀어서

$$X_A = -160N, \; Z_A = 490N$$

$$X_B = 750N, \; Z_B = 490N$$

$$T = 590N$$

으로, 각 베어링에 작용하는 반력은 다음과 같다.

$$R_A = \sqrt{(-160)^2 + 490^2} = 515.5N$$

$$R_B = \sqrt{450^2 + 490^2} = 895.9N$$

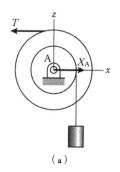

(**a**)

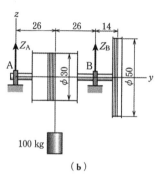

(**b**)

|그림| 11-7 권양기에 작용하는 힘

11-3 회전체(로터)의 균형

저널이 베어링으로 지지되어 회전하는 물체를 **로터(rotor)**라고 한다. 로터의 무게 중심이 회전축의 중심선 위에 없을 때는, 회전에 의한 원심력이 발생하고, 이것이 지지체에 전달되어, 베어링의 마모, 기계의 진동이나 소음의 원인이 되는 등, 기계나 그 주변의 구조물에 나쁜 영향을 미친다.

무게 중심이 축 중심에서 편심된 것은 재료의 불균일성, 가공과 조립 오차나 축의 변형 등에 기인하지만, 기계가 정밀하고 고속으로 운전할수록 아주 작은 편심에도 큰 문제가 되므로, 그 제조 공정에서는 이것을 정확하게 검출해서 제거해야 한다.

|그림| 11-8 로터에 작용하는 원심력

1 정적 균형

그림 11-8과 같이, 각속도 ω로 회전하는 얇은 로터의 미소 부분의 질량을 dm, 회전축의 중심선에서의 거리를 r이라고 하면, 이 부분에 작용하는 원심력의 크기는 $dm \cdot r\omega^2$으로, 축에 직각이고 축에서 방사상으로 작용한다. 이 로프 상에 축 중심 O을 원점으로 하는 직교좌표계 $O-xy$를 잡고, 이 미소 부분의 좌표를 (x, y), 원심력과 x축 사이의 각도를 θ라고 하면, 로프에 작용하는 전체 원심력의 x, y성분은

$$F_x = \int dm \cdot r\omega^2 \cos\theta = \omega^2 \int x dm$$

$$F_y = \int dm \cdot r\omega^2 \sin\theta = \omega^2 \int y dm$$

로터의 전체 질량을 M이라고 하고, 무게 중심의 좌표를 (x_G, y_G), 축 중심에서의 편심량을 r_G라고 하면, 식(3・5)에 의해

$$F_x = Mx_G\omega^2, \ F_y = My_G\omega^2 \tag{11・13}$$

으로, 원심력의 크기는

$$F = \sqrt{(Mx_G\omega^2)^2 + (My_G\omega^2)^2} = Mr_G\omega^2 \tag{11・14}$$

x축 사이의 각도는

$$\theta = \tan^{-1}\left(\frac{My_G\omega^2}{Mx_G\omega^2}\right) = \tan^{-1}\left(\frac{y_G}{x_G}\right) \tag{11・15}$$

가 된다. 이로부터, 로터 전체에는 전체 질량이 무게 중심에 집중했다고 간주할 때의 원심력과 동일한 힘이 작용하는 것이 된다.

이 원심력의 영향을 제거하기 위해서는, 이것과 반대측에 $M'r'\omega^2 = Mr_G\omega^2$, 또는 회전 속도 ω에 관계없이

$$M'r' = Mr_G \tag{11・16}$$

가 되는 질량 M'을 부착하면 된다. Mr_G를 로터의 **불균형**(unbalance) 또는 **정적 불균형**(static unbalance)이라고 하고, 이 불균형을 제거하고, 로터의 무게 중심을 회전의 중심선에 정확하게 일치시키는 작업을 **평형잡기**(balancing)라고 한다.

• 예제 11-6 •

정적 평형

질량이 30kg인 Y형 로터의 무게 중심이 그림 11-9와 같이, 회전축의 중심에서 0.1mm만큼 편심되어 있다. 로터가 3600rpm으로 회전할 때 발생하는 원심력의 크기는 얼마인가? 그림 A, B점에 적당한 질량을 설치하여, 이 로터의 평형을 잡기 위해서는 어느 정도의 질량이 필요한가?

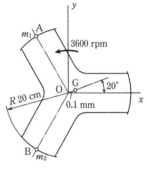

|그림| 11-9 Y형 로터의 평형

풀이

무게 중심의 편심량이 불과 0.1mm인데도 원심력은

$$Mr_G\omega^2 = 30\times0.1\times10^{-3}\times\left(\frac{\pi}{30}\times3600\right)^2 = 425.9\text{N}$$

으로 상당히 크다. A, B점에 설치해야 하는 질량을 각각 m_1, m_2라고 하면, x,y축 방향 힘의 평형에서

$$m_1\times0.20\cos60°+m_2\times0.20\cos60°=30\times10^3\times0.1\times10^{-3}\cos20°$$

$$m_2\times0.20\sin60°=m_1\times0.20\sin60°+30\times10^3\times0.1\times10^{-3}\sin20°$$

이 두 식을 간단하게 하면

$$m_1+m_2 = \frac{30\times0.1}{0.20}\frac{\cos20°}{\cos60°}=28.2\text{g}$$

$$-m_1+m_2 = \frac{30\times0.1}{0.20}\frac{\sin20°}{\sin60°}=5.9\,\text{g}$$

으로, 여기서 바로 필요한 수정 질량의 크기가 다음과 같이 구해진다.

$$m_1 = 11.15\,\text{g},\ m_2 = 17.05\,\text{g}$$

---

2 동적 평형

타이어나 플라이휠과 같이 축 방향의 길이가 짧은 로터에서는 정적 불균형만 제거하면 충분하지만, 다단 터빈과 같이 많은 로터로 구성된 회전 기계나 구동축과 같은 긴 로터에서는 이것만으로는 충분하지 않고, 모멘트도 동시에 평형을 이루게 해야

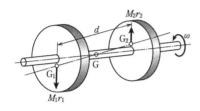

|그림| 11-10 짝불균형

한다.

그림 11-10과 같이, 각각 $M_1 r_1$ 및 $M_2 r_2$의 불균형 상태인 2개의 로터가 거리 d를 사이에 두고 회전축 위에 있는 경우를 생각해 보자. 이 경우

$$M_1 r_1 - M_2 r_2 = 0 \tag{11 · 17}$$

이라면, 전체의 무게 중심은 축의 중심선상에 있고, 정적 평형의 상태에 있음에도 불구하고, 로터의 회전에 의해 크기 $Mr\omega^2 d (Mr = M_1 r_1 = M_2 r_2)$의 원심력에 의한 모멘트가 발생한다. 이와 같이, 축 방향에서 떨어진 위치에 존재하는 크기가 같고, 방향이 반대인 한 쌍의 불균형을 **짝불균형**(couple unbalance)이라고 한다. 이것의 평형을 잡기 위해서는

$$M'r'd = Mrd \tag{11 · 18}$$

가 되도록 더 필요한 질량을 추가로 설치하여 모멘트를 없애야 한다. 이러한 짝불균형을 고려한 불균형을 **동적 불균형**(dynamic unbalance)이라고 한다.

· 예제 11-7 ·

동적 평형

그림 11-11에 나타낸 원판 B, C에 있는 동적 불균형을 원판 A, D의 원주상에 질량을 설치하여 수정하고 싶다. 그 크기와 각도를 구하시오.

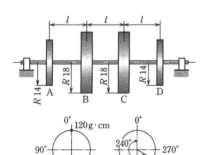

|그림| 11-11 여러 개의 원판이 장착된 로터에서의 평형

풀이

원판 A, D에 설치한 수정 질량의 크기를 각각 m_1, m_2라고 하고, 각도를 θ_1, θ_2라고 하면, 각도는 두 방향의 힘의 평형

$$m_1 \times 14\cos\theta_1 + m_2 \times 14\cos\theta_2 + 120\cos 0° + 220\cos 240° = 0 \tag{a}$$
$$m_1 \times 14\sin\theta_1 + m_2 \times 14\sin\theta_2 + 120\sin 0° + 220\sin 240° = 0 \tag{b}$$

과, 원판 A의 중심을 지나 회전축에 수직인 축에서의 모멘트 평형

$$m_2 \times 14\cos\theta_2 \times 3l + 120\cos 0° \times l + 220\cos 240° \times 2l = 0 \tag{c}$$
$$m_2 \times 14\sin\theta_2 \times 3l + 120\sin 0° \times l + 220\sin 240° \times 2l = 0 \tag{d}$$

을 만족해야 한다. 우선, 식(c)와 (d)에서

$$m_2 \cos\theta_2 = 2.38\text{g}, \quad m_2 \sin\theta_2 = 9.07\,\text{g}$$

이고, 여기서

$$m_2 = \sqrt{2.38^2 + 9.07^2} = 9.38\text{g}$$

$$\theta_2 = \tan^{-1}\frac{9.07}{2.38} = 75°\,18'$$

식(a)와 (b)에서

$$m_1 \cos\theta_1 = -3.09\text{g}, \quad m_1 \sin\theta_1 = 4.54\text{g}$$

이고, 여기서

$$m_1 = \sqrt{(-3.09)^2 + 4.54^2} = 5.49\text{g}$$

$$\theta_1 = \tan^{-1}\frac{4.54}{-3.09} = 124°\,14'$$

가 구해진다.

11-1 다음 그림과 같이 30kg의 물체를 세 개의 끈으로 매달았다. 각각의 끈에 작용하는 장력은 얼마인가?

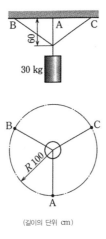

(길이의 단위 ㎝)

11-2 20kg의 덮개를 다음 그림과 같이 막대기로 지탱하고 있다. 막대기와 A, B점에 장착된 힌지에 작용하는 힘은 얼마인가?

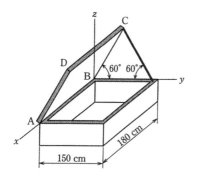

11-3 다음 그림과 같이 직경 1.2m, 질량 15kg의 원형 테이블 위에 50kg의 물체를 올렸을 때, 각각의 다리에 얼마의 힘이 가해지는가?

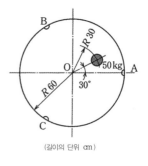

(길이의 단위 ㎝)

11-4 다음 그림과 같이 반경 R, 질량 m의 원판을 길이 l의 세 개의 줄로 매달았다. 이 원판을 중심을 지나는 연직선에서 비틀었다가 놓으면, 얼마의 진동수로 진동하는가?

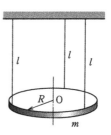

풀이와 해답 | p.226

11-5 다음 그림과 같이 두께가 균일한 원판의 두 곳에 직경 10cm의 구멍이 뚫려 있다. 이 불균형을 잡기 위해 중심으로부터 20cm 지점에 구멍을 뚫고 싶다. 구멍의 직경과 위치를 어디로 잡으면 좋을까?

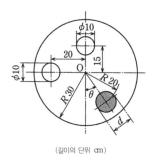

(길이의 단위 cm)

11-6 다음 그림에 나타낸 로터의 불균형을 L 면과 R면의 r_1, r_2의 반경 위에 각각 질량을 설치하여 수정하고 싶다. 수정에 필요한 질량의 크기는 얼마인가?

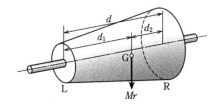

부록

제1장 한 점에 작용하는 힘

1-1 (1) $500 \times (1/1000) \text{kg} \times 9.81 \text{m/s}^2 = 4.9 \text{N}$

(2) $250 \text{kg} \times 9.81 \text{m/s}^2 = 2450 \text{N} = 2.45 \text{kN}$

(3) $4.8 \times 1000 \text{kg} \times 9.81 \text{m/s}^2 = 47088 \text{N} = 47.09 \text{kN}$

1-2 (1) $1 \text{rad} = 180°/\pi = 57.3° = 57°18'$

(2) $1° = \pi/180 = 0.01745 \text{rad}$

(3) $90 \times (\pi/180) \times 1/100 = 0.01571 \text{rad}$

1-3 (a) $1 + 2 \times 1/\sqrt{2} = 2.414 F$

(b) $1 + \sqrt{2} + 2\cos(\pi/8) = 4.262 F$

1-4 수평 분력 $250 \times \tan20° = 91 \text{N}$

연직과 $20°$ 방향의 분력 $250 \times 1/\cos20° = 266 \text{N}$

1-5 $T\cos30° = 20 \times 9.81$

$\therefore T = 20 \times \dfrac{9.81}{\sqrt{3}/2} = 227 \text{N} \cdots$ 줄의 장력

$H = T\sin30° = 20 \times 9.81 \times \tan30° = 113 \text{N} \cdots$ 수평력

1-6 $T = \dfrac{W}{2} \times \dfrac{1}{\sin\alpha}$ $\qquad \therefore \dfrac{T}{W} = \dfrac{1}{2\sin\alpha}$

α	30°	25°	20°	15°	10°	5°
배율	1.00	1.18	1.46	1.93	2.88	5.74

따라서 $2\sin\alpha$의 역수 배가 된다.

1-7 이 문제의 경우, 구속력(force of restraint)의 방향은 경사면에 직각이고 F, mg, 구속력의 벡터 합력은 0이 될 것이다. 따라서

$F = 100 \text{kg} \times 9.81 \text{m/s}^2 \times \tan30°$

$= 980 \times \dfrac{1}{\sqrt{3}} = 566 \text{N}$

1-8 배에 작용하는 저항력 $R = 800 \text{N} \times \cos20° = 752 \text{N}$

배를 끌기 위한 힘은, 해안 절벽에서의 거리를 $x(\text{m})$로 하면

$T = \dfrac{R}{\cos\theta} = R\dfrac{\sqrt{8^2 + x^2}}{x} = 752\sqrt{1 + \left(\dfrac{8}{x}\right)^2} \text{N}$

제2장 강체에 작용하는 힘

2-1 (a) $180 + 250 = 430 \text{N}$

$30 \times 250/430 = 1.74 \text{cm} \cdots A$점에서

(b) $300 + 250 - 150 - 200 = 200 \text{N}$

D점에서의 힘에 대한 모멘트 평형에서

$200 \times x = 300 \times 10 + 250 \times 50 - 200 \times 25$

따라서 $x = 52.5$, 즉 D점의 오른쪽 2.5cm

2-2 경사진 두 힘의 수직 성분은

$200 \times \sin50° = 153$, $300 \times \sin70° = 282$

마찬가지로 수평 성분은

$200 \times \cos50° = 128.6$, $300 \times \cos70° = 102.6$

수평력의 합계는 231.2N이다.

A점에서 모멘트가 같아지는 조건으로부터 수직력의 합력의 작용점 A점에서의 거리를 구하면,

$\dfrac{30 \times 153 + 400 \times 50 + 282 \times 75}{250 + 400 + 153 + 282} = 42 \text{cm}$

수직력의 합계는 위 식의 분모이므로, 1085N이다.

수평력과 수직력의 합력

$F = \sqrt{231.2^2 + 1085^2} = 1109 \text{N}$

합력의 선분 AD와의 방향 $\theta = \tan^{-1}\dfrac{1085}{231.2} = 78°$

2-3 (a) 기반부의 모멘트

$\text{M} = 800 \text{N} \times 0.8 \text{m} = 640 \text{N} \cdot \text{m}$

(b) $45°$의 힘이 작용할 때 :

800N의 힘을 수평과 수직 두 개의 힘으로 분해하고, 각각의 O점에서 모멘트를 산출하고, 그것들의 합계를 구하면 된다.

$M = 800 \times \dfrac{1}{\sqrt{2}} \times 0.8 + 800 \times \dfrac{1}{\sqrt{2}} \times 1$

$= 1018 \text{N} \cdot \text{m}$

2-4 $4F \times \dfrac{1}{2} \times \sqrt{2} \times \alpha = 2.828 F\alpha$

2-5 우선 N_3, N_4와 mg가 평형을 이루고 있으므로,

$N_4 = 50 \text{kg} \times 9.81 \text{m/s}^2 \times \cos20° = 461 \text{N}$

$N_3 = 50 \text{kg} \times 9.81 \text{m/s}^2 \times \sin20° = 168 \text{N}$

다음으로, 좌측 파이프 중심에서의 수평력 평형으로부터

$N_3 \cos 20° + N_2 \sin 20° = N_1$

마찬가지로 수직력 평형에서,

$N_3 \sin 20° + 50 \times 9.81 = N_2 \cos 20°$

이들 두 개의 식에서, N_2, N_1은 다음과 같이 풀 수 있다.

$$N_2 = \frac{50 \times 9.81 + 168 \times \sin 20°}{\cos 20°} = 583.2$$

$$N_1 = 168 \cos 20° + 583 \sin 20° = 357$$

2-6 A점은 고정되어 있으므로, 수평과 수직의 두 힘을 모두 받지만, B점은 회전지지이므로, 수평력은 받지 않는다. 따라서 A지점의 수평력은

$$H_A = 150 \times \frac{1}{2} + 250 \times \frac{1}{\sqrt{2}} = 251.8 \tag{1}$$

A점과 B점의 연직력의 합계는

$$V_A + V_B = 500 + 150 \times \frac{\sqrt{3}}{2} + 250 \times \frac{1}{\sqrt{2}}$$
$$= 806.7 \tag{2}$$

모든 힘에 대한 A점에서의 모멘트 평형에서

$$200 \times 0.2 + V_B \times 1.2 = 300 \times 0.2 + 150 \times \frac{\sqrt{3}}{2}$$
$$\times 1 + 250 \times \frac{1}{\sqrt{2}} \times 1.4 \tag{3}$$

식(3)에서, B지점의 연직력 $V_B = 331\text{N}$이 된다.
따라서 식(2)에서, A지점의 연직력
$V_A = 806.7 - 331.2 = 475.5\text{N}$
A점에는 수평력 H_A와 수직력 V_A가 모두 작용하므로, 그들의 합력인 F_A는 다음과 같이 된다.

$$F_A = \sqrt{{H_A}^2 + {V_A}^2} = \sqrt{475.5^2 + 251.8^2} = 538\text{N}$$

F_A의 작용선이 보와 이루는 각도 θ는

$$\theta = \tan^{-1} \frac{475.5}{251.8} = \tan^{-1} 1.888 = 62°05'$$

2-7 그림 2-35에서는 명확하지 않지만, 로프는 B점에 고정되어 있고, 도르래가 설치되어 있는 것은 아니다. A점은 베어링이 설치된 핀 결합, C점은 도르래이다. BC 사이의 로프의 장력을 T라고 하면, B점에서 기둥에 수직 방향으로 작용하는 힘의 평형에서
$3\text{ton} \times 9.81\text{m/s}^2 \times \sin 30° = T \sin 40°$
이로부터

$T = 3 \times 9.81 \times \sin 30° / \sin 40° = 22.9\text{kN}$
A지점의 반력이 되는 기둥의 내력은
$F = 3 \times 9.81 \times \cos 30° + 22.87 \times \cos 40° = 43.0\text{kN}$

2-8 O점에서 힘의 모멘트 평형에서

$$mR = m'(R+1)\cos\theta \qquad \therefore \theta = \cos^{-1}\left[\frac{mR}{m'(R+1)}\right]$$

2-9 P점에서 W와 F의 모멘트가 같아지는 것이 조건이므로, 이때 W와 F의 합력이 P점을 지나는 것이 된다.
$W = F \tan\theta$
따라서 $F \geq W/\tan\theta$가 올라가는 조건이 된다.

한편, $\tan\theta = \dfrac{R-h}{\sqrt{R^2 - (R-h)^2}}$

따라서 $F \geq \dfrac{W\sqrt{2Rh - h^2}}{R-h}$

2-10 (a) 이 문제를 풀기 위해서는, 우선 정확한 치수도가 필요하다. p.44의 연습문제 2-10의 그림(a)에 있어서, 치수 a를 단위로 잡고 그린 치수도가 도해 1이다. 각 부재의 길이는 모두 직각삼각형에 관한 피타고라스의 정리로 간단하게 구해진다. 그림 안에 기재된 치수가 그것이다. 삼각형에 대해서는, 세 변의 길이를 알면, 세 개의 각도가 공식에 의해 구해진다. 다음으로는, 절점법에 의해 7개의 절점에서의 수평, 수직인 힘의 평형에서, 각 부재의 내력을 구하는 문제가 된다.
결국, 구해진 내력도가 도해 2이다. 아래에서와 같이 그림의 각 절점에서의 힘을 구하는 방법에 대해 설명하겠다. 이 그림에서도 힘 P를 단위로 잡고, 그 배율로 힘을 나타내는 것으로 한다. 좌표는 A점을 원점으로 잡고, 수평 방향을 x, 연직 방향을 y로 한다. 힘의 단위는 $P = 1$, 길이의 단위는 $a = 1$이다.

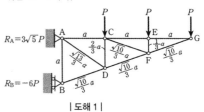

| 도해 1 |

우선, 트러스 전체 힘의 평형에서

$$1 \times X_B = (1+2+3) \times 1$$

$$\therefore X_B = 6, \ R_B = -6$$

$$X_A = -6, \ Y_A = 3$$

$$\therefore R_A = -\sqrt{6^2+3^2} = 3\sqrt{5}$$

절점 G에서 y방향에는 : $-\dfrac{F_{FG}}{\sqrt{10}} = 1$

$$\therefore F_{FG} = -\sqrt{10}$$

절점 E에서 y방향에는 : $F_{EF} = -1$

x방향에는 : $F_{CE} = F_{EG} = 3$

절점 F에서 x방향에는 :

$$(-F_{FG} - F_{CF} + F_{DF}) \times \frac{3}{\sqrt{10}} = 0$$

$$\therefore F_{CF} - F_{DF} = \sqrt{10}$$

y방향에는 :

$$F_{EF} + F_{FG} \times \frac{\sqrt{10}}{9} = (F_{CF} + F_{DF}) \times \frac{\sqrt{10}}{9}$$

$$\therefore F_{CF} = \frac{\sqrt{10}}{2}, \ F_{DF} = -\frac{3}{2}\sqrt{10}$$

절점 C에서 x방향에는 : $F_{CE} = 3$(앞에서 구함)

y방향에는 :

$$1 = F_{CD} - F_{CF} \times \frac{1/3}{\sqrt{10}/3}$$

$$\therefore F_{CD} = -1 - \frac{\sqrt{10}}{2} \times \frac{1}{\sqrt{10}} = -\frac{3}{2}$$

절점 D에서 x방향에는 :

$$(F_{BD} - F_{DF}) \times \frac{3}{\sqrt{10}} = F_{AD} \times \frac{3}{\sqrt{10}}$$

y방향에는 :

$$F_{CD} + (F_{BD} - F_{DF}) \times \frac{1}{\sqrt{10}} - F_{AD} \times \frac{2/3}{\sqrt{13}/3}$$

절점 B에서 x방향에는 :

$$R_B = -6 = F_{BD} \times \frac{3}{\sqrt{10}}$$

위 식에서 $F_{BD} = -2\sqrt{10}$

절점 A에서 x방향에는 :

$$F_{AC} + F_{AD} \times \frac{3}{\sqrt{13}} - 6 = 0$$

y방향에는 : $-F_{AB} - F_{AD} \times \dfrac{2}{\sqrt{13}} + 3 = 0$

성립한 식의 수와 방정식의 수가 같으므로, 각 식을 풀면, 모든 부재의 내력을 도해 2와 같이 결정할 수 있다.

이 문제는, 각 절점에서의 수평·수직 2방향의 힘의 평형이 구해지면, 그 다음으로 다원 연립 일차 방정식을 풀면 된다. 따라서 식만 정확하게 나오면, 계산기에 의해 쉽게 답을 구할 수 있다.

(b) 연습문제 2-10의 그림(b)에서 좌우의 하중은 다르지만, 구조는 대칭이므로 좌측을 풀면 우측에서는 같은 식을 사용할 수 있다.

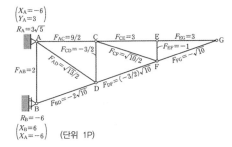

| 도해 2 |

주지하는 바와 같이, 30° 직각삼각형에서는 세 변의 길이가 1, 2, $\sqrt{3}$의 관계로 되어 있으므로, 구조 전체의 힘의 평형에서,

$$X_A + X_B = 6\text{kN}$$

A점에서의 모멘트 평형에서

$$8\text{m} \times X_B = 2\text{m} \times 1\text{kN} + 4\text{m} \times 3\text{kN} + 6\text{m} \times 2\text{kN}$$

$$\therefore X_B = 26/8 = 3.25\text{kN}, \ X_A = 6 - 3.25 = 2.75\text{kN}$$

이하, 단위는 kN, 기호 (−)는 압축력, (+)는 인장력을 나타낸다.

$$F_{AC} = -2.75 \times 2 = -5.5,$$

$$F_{BD} = -3.25 \times 2 = -6.5$$

$$F_{AE} = 2.75 \times \sqrt{3} = 4.76,$$

$$F_{BF} = 3.25 \times \sqrt{3} = 5.63$$

F_{AE}, F_{DF}는 수평 성분을 갖지 않으므로,

$$F_{EH} = F_{AE} = 4.76, \ F_{FH} = F_{BF} = 5.63$$

G점에서의 힘의 평형에서,

$$(F_{CG} + F_{DG}) \times \frac{1}{2} + F_{GH} = 0$$

또한, $F_{CG} = F_{DG}$

H점에서의 힘의 평형에서

$$(F_{CH} + F_{DH}) \times \frac{1}{2} + F_{GH} = 0$$

또한,

$$(F_{DH} + F_{CH}) \times \frac{\sqrt{3}}{2} = -F_{FH} + F_{EH}$$
$$= -5.63 + 4.76 = -0.87$$

C점에서의 힘의 평형에서

$$(F_{CG} + F_{CH}) \times \frac{\sqrt{3}}{2} = 4.76$$

또한, $(F_{CG} + F_{CH} + 5.5) \times \frac{1}{2} = F_{CE}$

D점에서의 힘의 평형에서

$$(F_{DG} + F_{DH}) \times \frac{\sqrt{3}}{2} = 5.63$$

또한, $(F_{DG} + F_{DH} + 6.5) \times \frac{1}{2} = F_{DF}$

여기서 $F_{CE} = \frac{1}{2} \times \left(4.76 \times \frac{2}{\sqrt{3}} - 5.5 \right) = 0$

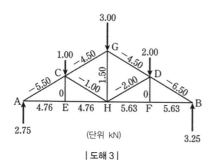

| 도해 3 |

또한, $F_{DF} = \frac{1}{2} \times \left(5.63 \times \frac{2}{\sqrt{3}} - 6.5 \right) = 0$

따라서 $F_{CG} + F_{CH} = 5.5$

또한, $F_{DG} + F_{DH} = -6.5$

지금 $F_{CG} = F_{DG}$이므로,

앞의 $(F_{CG} + F_{DC}) \times \frac{1}{2} + F_{GH} = -3$에서

$F_{CG} + F_{GH} = -3$

정리하면,

$$\begin{array}{ccccc} F_{CG} & F_{CH} & F_{DG} & F_{DH} & F_{GH} \end{array}$$
$$\left| \begin{array}{ccccc} 1 & & & & 1 \\ & 1 & & 1 & 2 \\ & & 1 & 1 & \\ 1 & 1 & & & \\ & & & 1 & 1 \end{array} \right| \begin{array}{c} = -3 \\ = 0 \\ = -1 \\ = -5.5 \\ = -6.5 \end{array}$$

위의 행렬식을 풀면, 각 부재의 내력은 다음과 같이 풀 수 있다.

$F_{CG} = -4.5$, $F_{CH} = -1$, $F_{DG} = -4.5$,

$F_{DH} = -2$, $F_{GH} = 1.5$

(도해 3 참조)

제3장 무게 중심과 분포력

3-1 (a) $\dfrac{30 \times 120}{2 \times 60 + 70} = 18.94 \mathrm{cm}$ (대칭축 상의 하단에서)

(b) 반원의 무게 중심 위치:

OG(p.53 참조)

$$= \frac{2}{\rho \pi R} \int_0^\pi R \cdot \sin\theta \cdot \rho R d\theta = \frac{2}{\pi} R = 19.1$$

$$x = \frac{(30 + 19.1) \times \pi \times 30}{120 + \pi \times 30} = 21.6 \mathrm{cm}$$

(x는 반원을 뺀 부분의 무게 중심에서 전체의 무게 중심까지의 거리)

즉, 하단부에서 $60 - 21.6 = 38.4 \mathrm{cm}$ (대칭축 상)

(c) 상부의 ㄱ자 부분의 무게 중심은, 중앙 수평선의 중심에서 우변까지 1/3인 지점 즉, 수평선 중앙 우측 5cm의 위치에 있다. 한편, 60cm의 직선부의 무게 중심은 하단에서 30cm인 지점에 있으므로, 전체의 무게 중심은 두 부분 무게 중심의 간격의 아래로부터 2/3의 위치에 있다.

즉, 하단부를 좌표 원점으로 해서
$x = 20 \times 3/5 = 12 \mathrm{cm}$, $y = 30 + 45 \times 3/5 = 57 \mathrm{cm}$

3-2 (a) 무게 중심의 위치를 구하는 문제는, 평행력의 합력 벡터를 구하는 문제와 같다. 연습문제 3-2의 그림 (a)에서는, 40×80인 판의 중량과 20×40인 판의 부력[음(−)의 중력]의 합력에 대한 작용선의 위치(작용점)를 구하면 된다.

40×80인 판의 무게 중심은, 수평 일점쇄선에서

왼쪽 끝으로부터 20의 위치에 있는 것이 분명하므로 판의 일부인 20×40의 부분이 없어지면, 있었을 때의 무게 중심보다 왼쪽으로 이동할 것이다. 즉, 구하는 무게 중심 위치는 x'만큼 왼쪽으로 벗어나는 것이 되므로,

$$x' = \frac{20 \times 40 \times 10}{40 \times 80 - 20 \times 40} = 3.33\text{cm}$$

좌측에서 $x = 20 - 33.3 = 16.67\text{cm}$(대칭축 상)

[설명] x' 식의 제 1항은 실제로는 없는 20×40의 판에 작용하는 중력으로, 그림에서 왼쪽 끝 보다 20의 세로선에서의 모멘트이다. 한편, 위 식에서 분모 안의 질량에 x'를 곱한 것은 거꾸로 된 ㄱ자 모양의 실재 부분의 중력으로, 위에서 언급한 세로선에서의 모멘트이다. 만약 20×40의 판이 있다면 물리적으로 $x = 0$이므로, 판이 잘려서 무게 중심이 어긋난 것으로 설명할 수 있다.

[다른풀이] 그림의 왼쪽 끝의 세로선을 세로 좌표축으로 잡고, 일점쇄선을 가로축(x)으로 잡으면, 실재 부분의 세로축에서 모멘트의 평형으로부터

$(40 \times 80 - 40 \times 20) \times x$

$= 20 \times 80 \times \underline{10} + 2 \times 20 \times 20 \times \underline{30} = 16.67\text{cm}$

(무게 중심 거리)　　(무게 중심 거리)

로, 직접 왼쪽 끝에서의 거리가 구해진다.

(b) 반원의 무게 중심은 p.53에 표기되어 있다. 여기서는 그 값을 사용하고, 반원의 원호 중심을 O으로 해서

$$\text{OG} = \frac{4}{3\pi}R \quad \therefore \text{OG} = \frac{160}{3\pi} = 16.98\text{cm}$$

$50 \times 40\text{cm}$의 판의 무게 중심은, 분명히 O 점 보다 25cm만큼 위쪽에 있기 때문에, 이 점을 좌표 원점 G'로 잡고, 모든 물체의 무게 중심까지의 거리를 x로 하면,

$$x = \frac{(\pi/2) \times 40^2 \times (25 + 16.98)}{50 \times 40 + (\pi/2) \times 40^2} = 23.38\text{cm}$$

따라서 전체의 무게 중심의 위치는 하단에서,

$40 + 25 - 23.38 = 41.62\text{cm}$(대칭축 상)

[다른풀이] 위에서 설명한 방법에서는, 무게 중심 위치를 구하는데, 판의 중심 G'를 지나는 수평선에서 두 물체의 질량 모멘트를 사용하는 방법을 취했지만, O

점을 사용하는 방법도 있다. 이 경우는, O점을 지나는 수평축에서 직사각형의 관성 모멘트와 반원형의 관성 모멘트의 차를 구하고, 이것을 두 질량의 합으로 나누면 된다. 즉,

$$\frac{40 \times 50 \times 25 - (\pi/2) \times 40^2 \times 16.98}{40 \times 50 + (\pi/2) \times 40^2} = 1.63$$

즉, 총합 무게 중심의 높이는 O점보다 1.62cm만 위쪽에 있으므로, 물체의 하단으로부터는

$40 + 1.62 = 41.62\text{cm}$에 있다.

앞에서 말한 G'부터의 전체의 무게 중심을 구하는 방법도 위에서 설명한 점 O에서의 무게 중심까지의 간격을 구하는 방법도, 이 문제에 관해서는 큰 차이는 없지만, 물체의 모양에 따라서는, 난이도가 다를 경우도 있으므로, 경우에 따라 선별하는 것이 필요하다.

(c) 얇은 평면판을 세 부분으로 나눠서 생각하자. 아래의 직사각형 부분, 큰 반원 부분, 작은 원 부분이다. 하단의 수평선에 대한 각각의 부분의 무게 중심을 사용해서 질량 모멘트를 구하고, 작은 반원 부분만 다른 두 부분의 합에서 **빼면**, 필요한 무게 중심이 구해진다.

구하는 무게 중심 위치를 하단에서 x라고 하면,

$$80 \times 30 \times 15 + \frac{\pi}{2} \times 40^2 \times \left(30 + \frac{4}{3\pi} \times 40\right)$$
$$- \frac{\pi}{2} \times 30^2 \times \left(30 + \frac{4}{3\pi} \times 40\right)$$

$$x = \frac{-\dfrac{\pi}{2} \times 30^2 \times \left(30 + \dfrac{4}{3\pi} \times 30\right)}{30 \times 80 + (40^2 + 30^2) \times \dfrac{\pi}{2}}$$

$$= \frac{2400 \times 15 + \left\{\dfrac{\pi}{2} \times (40^2 - 30^2) \times 30\right\} + \left\{\dfrac{\pi}{2} \times \dfrac{4}{3\pi} \times (40^3 - 30^3)\right\}}{2400 + 350\pi}$$

$$= \frac{2400 \times 15 + 350\pi \times 30 + \dfrac{2}{3} \times (40^3 - 30^3)}{2400 + 350\pi}$$

$$= \frac{24 \times 1.5 + 3.5\pi \times 3 + \dfrac{2}{3} \times 37}{2.4 + 0.35\pi} = \frac{93.653}{3.4996} = 26.76$$

즉, 대칭축의 하단에서 26.76cm에 있는 점이 무게 중심이 된다.

3-3 하단보다 x에 있다고 하면,

$$x = \frac{(\pi/4) \cdot \{4^2 \times 0.5 \times 0.25 + 1^2 \times 1.5 \times 1.25 + 0.6^2 \times 4 \times 4\}}{(\pi/4) \cdot \{4^2 \times 0.5 + 1 \times 1.5 + 0.6^2 \times 4\}}$$

$$= \frac{2 + 1.875 + 5.76}{8 + 1.5 + 1.44} = \frac{9.635}{10.94} = 0.88\text{cm}$$

3-4 아래 면에서의 높이

$$x = \frac{\text{밑면의 직경 축에서 원통 부분의 모멘트}}{\text{전체 질량}}$$

$$x = \frac{\pi Dh \times (1/2)h}{\pi Dh + (\pi/4)D^2} = \frac{(1/2)h^2}{h + (1/4)D}$$

참고 반원호, 반원판의 무게 중심에 대해

1. 반원호(선밀도 ρ)

$$OG = 2\rho \int_0^{\pi/2} R d\theta \times \frac{R\sin\theta}{\rho\pi R}$$

$$= \frac{2}{\pi} \times R \int_0^{\pi/2} \sin\theta d\theta$$

$$= \frac{2}{\pi} \times R[-\cos]_0^{\pi/2}$$

$$= \frac{2}{\pi} R$$

2. 반원판(두께 t, 밀도 ρ)

　(1) 반원호의 무게 중심 위치를 사용하는 방법:

$$OG = \frac{\int_0^R \rho t \pi r dr \times (2/\pi)r}{pt(1/2)\pi R^2} = \frac{2\left(\int_0^R r^2 dr\right)}{(1/2)\pi R^2}$$

$$= \frac{(4/3)R^3}{\pi R^2} = \frac{4}{3\pi}R$$

　(2) 직접법:

$$OG = \frac{\int_0^R \rho t 2\sqrt{R^2 - x^2}\, x\, dx}{\rho t (1/2)\pi R^2}$$

변수 변환 $x = R\sin\theta$　$\therefore dx = R\cos\theta d\theta$

$$\therefore OG = \frac{4}{\pi}R^2 \int_0^{\pi/2} R\cos\theta \cdot R\sin\theta \cdot R\cos\theta d\theta$$

$$= \frac{4}{\pi}R \int_0^{\pi/2} \cos^2\theta \cdot \sin\theta d\theta$$

$$= \frac{4}{\pi}R \left(-\frac{1}{3}\cos^3\theta\right)_0^{\pi/2} = \frac{4}{3\pi}R$$

3-5 AB의 길이를 l이라고 할 때, 만약 BC가 수평으로 되었다고 하면, 평행력인 AB 부분의 중력과 BC부분의 중력의 합력은 A점을 지날 것이므로,

$$\frac{1}{2}l \times \cos 60° = \frac{1}{2}l \times \frac{1}{2} = \frac{1}{4}l$$

AB부분과 BC부분의 질량을 ρl, ρL로 하면,

$$\frac{1}{2}\rho l \times \cos 60° = \frac{1}{2}\rho l \times \frac{1}{2} = \rho l \times \frac{1}{4}$$

즉,

$$(\text{AB부분의 질량})l \times \frac{1}{4}l$$

$$= (\text{BC 부분의 질량}) \ L \times \left(\frac{L}{2} - \frac{l}{2}\right)$$

$$\therefore \frac{1}{4}l^2 = \frac{1}{2}L^2 - \frac{1}{2}Ll, \ \text{여기서} \ 2L^2 - 2Ll - l^2 = 0$$

$$\therefore L = \frac{1}{2} \times (l \pm \sqrt{l^2 + 2l^2})$$

$$= \frac{1}{2} \times (1 + \sqrt{3}) \times l = 1.37l$$

즉, BC의 길이가 AB의 길이의 1.37배일 때.

3-6 반원의 무게 중심 위치 $OG = \frac{4}{3\pi}$ 이므로

$$P_C \times R = 50 \times 9.81 \times \frac{4}{3\pi} \times R$$

$$\therefore P_C = 50 \times 9.81 \times \frac{4}{3\pi} = 208\text{N},$$

$$P_A = P_B = \frac{1}{2} \times (50 \times 9.81 - 208) = 141\text{N}$$

따라서 AB점에는 같은 141N, C점에 208N.

3-7 파푸스의 정리에 의하면,

　표면적 $S = 2\pi y_G L$, 부피 $V = 2\pi y_G S'$

　문제에서 $y_G = R$, $L = 2\pi r$, $S' = \pi r^2$

　$\therefore S = 2\pi R \times 2\pi r = 4\pi^2 Rr$, $V = 2\pi R \times \pi r^2 = 2\pi^2 Rr^2$

　파푸스의 정리를 사용하지 않는 방법 :

$$V = 2\int_0^r \pi\left\{\left(R + \sqrt{r^2 - x^2}\right)^2 - \left(R - \sqrt{r^2 - x^2}\right)^2\right\}dx$$

$$= 2\pi \int_0^r 4R\sqrt{r^2 - x^2}\, dx = 8\pi R \int_0^r \sqrt{r^2 - x^2}\, dx$$

여기서, $x = r\sin\theta$로 두면, $dx = r\cos\theta d\theta$

$$\therefore \int_0^r \sqrt{r^2 - x^2}\, dx = \int_0^{\pi/2} r^2\cos^2\theta d\theta$$

$$= r^2 \int_0^{\pi/2} \cos^2\theta d\theta$$

$$\cos(2\theta) = \cos(\theta + \theta) = \cos^2\theta - \sin^2\theta = 2\cos^2\theta - 1$$

$$\therefore \cos^2\theta = \frac{1}{2}(1 + \cos 2\theta)$$

$$\int_0^{\pi/2} \cos^2\theta d\theta = \int_0^{\pi/2} \frac{1}{2} \times (1 + \cos 2\theta)d\theta$$

$$= \frac{1}{2} \times \left[\theta + \frac{1}{2}\sin 2\theta\right]_0^{\pi/2} = \frac{\pi}{4}$$

따라서 $V = 8\pi R r^2 \times \pi/4 = 2\pi^2 R r^2$

결국, $V = \pi r^2 \times 2\pi R$이 되는 간단한 결과를 만들 수 있다.

참고 예를 들면, 두께 δ의 도너츠 모양 물체의 체적을 $\triangle V$라고 하면,

$$\triangle V = 2\pi R \times \{\pi r^2 - \pi(r-\delta)^2\}$$
$$= 2\pi^2 R \times (2r\delta - \delta^2) \fallingdotseq 2\pi^2 R \times 2r\delta$$

$\triangle V =$ 표면적 $\times \delta$이므로, 위 식을 δ로 나누면, 표면적 $S = 4\pi^2 R r$이 된다.

결국 $S = 2\pi r \times 2\pi R$이 되어서, 이것이 dV/dr과 같다는 것을 알 수 있다.

3-8 모멘트는

$$M_0 = \int_0^b \left\{5 - (5-2) \times \frac{x}{6}\right\} x dx = \int_0^b \left(5x - \frac{1}{2}x^2\right) dx$$
$$= \left[\frac{5x^2}{2} - \frac{1}{2} \times \frac{x^3}{3}\right]_0^6 = 5 \times \frac{36}{2} - \frac{36 \times 6}{6} = 90 - 36$$
$$= 54 \text{kN} \cdot \text{m}$$

이 보는 외팔보이므로, R_0는 "전체 하중"과 같다.

반력은

$$R_0 = \int_0^6 \left(5 - \frac{1}{2}x\right) dx = \left[5x - \frac{x^2}{4}\right]_0^6 = 30 - 9 = 21 \text{kN}$$

3-9 p.63의 식(3-24)에서

$$3.1 = 3\left\{1 + \frac{8}{3} \times \left(\frac{f}{3}\right)^2\right\}$$

$$\therefore 0.1 = 8 \times \left(\frac{f}{3}\right)^2$$

즉, $\dfrac{f}{3} = \sqrt{\dfrac{0.1}{8}}$

$\therefore f = 0.33541\text{m} \fallingdotseq 34\text{cm} \cdots$ 중앙에서의 처짐

같은 식(3·22), 식(3·25)에서

$$T = \frac{40 \times 9.81 \times 3}{8f}\left\{1 + \frac{1}{2}\left(\frac{8f}{2 \times 3}\right)^2\right\}$$
$$= \frac{15 \times 9.81}{f}\left\{1 + \frac{1}{2}f^2 \times \left(\frac{4}{3}\right)^2\right\}$$

f의 값에 0.3354를 넣으면 $T = 482.6\text{N}$

f의 값에 0.34를 사용하면,

$T = 477.4N \cdots$ 양 단의 최대 장력

3-10 구의 부피는

$$V = 2\int_0^R \pi(R^2 - h^2)dh = 2\pi\left\{R^2 h - \frac{h^3}{3}\right\}_0^R$$
$$= 2\pi \times \frac{2}{3} \times R^3 = \frac{4}{3} \times \pi R^3$$

이것을 사용해서, 구가 모두 잠기면, 중량과 부력이 평형을 이루는 조건이 된다. 부력은 $B = \rho g V$이므로, 철강의 ρ를 7.8로 놓고 평형식을 만들면,

$$7.8 \times \frac{4}{3}\pi\{R^3 - (R-t)^3\} = 1 \times \frac{4}{3}\pi R^3$$

위 식의 양변에 g를 곱한 것이 중량과 부력이 된다. 부력 $B = \rho g V$의 식을 간단하게 하면,

$$7.8\{R^3 - (R-t)^3\} = R^3$$

여기서, $6.8R^3 = 7.8(R-t)^3$

즉, $\left(1 - \dfrac{t}{R}\right)^3 = \dfrac{6.8}{7.8}$

따라서 $\dfrac{t}{R} = 1 - \left(\dfrac{6.8}{7.8}\right)^{1/3} = 0.0447 \fallingdotseq 4.5\%$

즉, 두께를 바깥쪽 반경의 4.5%로 한다.

참고 구의 부피는 $V = \dfrac{4}{3}\pi R^3$이고, 구의 표면적인 $4\pi R^2$은 부피에 대해 $\dfrac{d}{dR} \times \dfrac{4}{3}\pi R^3 = 4\pi R^2$이 되는 관계라는 것을 알 수 있다. 마찬가지로 원의 면적이 πR^2인 것에 대해 원주는 $\dfrac{d}{dR}\pi R^2 = 2\pi R$이라는 것에서 중심이 있는 구나 원의 표면적은 부피를 반경으로 미분해서 구할 수 있다는 것을 알 수 있다.

제4장 속도와 가속도

4-1 $x'' = a$, $x' = at$, $x = \dfrac{1}{2} \times at^2 = \dfrac{1}{2} \times a \times \left(\dfrac{x'}{a}\right)^2$

$$= \frac{1}{2} \times \frac{x'^2}{a}$$

$$a = \frac{x'^2}{2x} = \frac{(40000/3600)^2}{2 \times 30} = \left(\frac{40}{3.6}\right)^2 \times \frac{1}{60}$$

$$= 2.06\text{m/s}^2$$

참고 공식 $ma \cdot x = \dfrac{1}{2}mv^2$ $\quad \therefore v = \sqrt{2ax}$

4-2 (도해 4 참조)

$t = 0 \sim 1$분일 때

$$s = \frac{1}{2}at^2 = \frac{1}{2} \times \frac{75\text{km}}{60 \times 1} \times t^2 = 0.625km \times t\ \text{분}^2$$

$t = 0 \sim 7$분일 때

$$s = 0.625 + \frac{75}{60} \times t = 0.625 + 1.25t$$

t가 6분에서는

$$s = 8.125\,\text{km}$$

$t = 7 \sim 8$분일 때

$$s = 8.125 + 1.25t - \frac{1}{2} \times \frac{75}{60 \times 0.5} \times t^2$$

$$= 8.125 + 1.25t - 12.5t^2$$

$t = 7.5$분에서는

$$s = 8.125 + 1.25 \times \frac{1}{2} - 1.25 \times \frac{1}{4} = 8.4375\,\text{km}$$

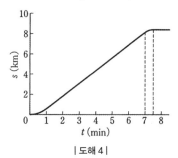

| 도해 4 |

4-3 항로의 길이(원호)

$$= 2\text{분} \times 18\text{노트} \times \frac{1852\text{m}}{60\text{분}} = 1111.2\text{m}$$

반경을 R이라고 하면,

원호의 길이 $= R\theta = R \times \pi/4$

여기서 $\theta = 45° = \pi/4\,\text{rad}$

$$R = 1111.2 \times 4/\pi = 1415.5\text{m}$$

4-4 $\dfrac{1}{2}mv_o^2 = mgh$

$$\therefore h = \frac{v_o^2}{2g} = \frac{30^2}{2 \times 9.81} = 45.9\text{m} \cdots \text{상승 높이}$$

상승 : $0 - v_o - gt$ $\quad \therefore t = \dfrac{v_o}{g} = \dfrac{30}{9.81} = 3.06$초

하강 : $h - \dfrac{1}{2}gt^2$ $\quad \therefore t = \sqrt{\dfrac{2h}{g}} = 3.06$초

상승~하강의 시간 $3.06 + 3.06 = 6.12$초

4-5 $t = t$일 때, $v_o \cos40° \times t = 150/2 = 75\text{m}$,

또한 $v_o \sin40° - gt = 0$

$$\therefore v_o \cos40° \times 2v_o \sin40°/g = 150\text{m}$$

여기서, 삼각함수의 반각 공식에 의해,

$\sin2\alpha = 2\sin\alpha \cos\alpha$이므로,

$$v_o^2 \cos40° \times 2v_o \sin40°/g = 150\text{m}$$

여기서, 초기 상승 속도 $v_o = 38.6\text{m/s}$,

최고 높이 $h = (v_o \sin40°)^2 = 31.4\text{m}$

4-6 $h = \dfrac{1}{2}gt^2$, $v = gt$

여기서

낙하 시간 $t = \sqrt{\dfrac{2h}{g}} = \sqrt{\dfrac{2 \times 8}{g}} = \dfrac{4}{\sqrt{g}} = 1.28$초

또한

충격 속도 $v = 12.52\text{m/s}$

4-7 일반적으로 공학 계산에서는 회전 속도로 rad/s를 사용하는 것이 맞지만, 이 문제에서는 회전수에 매분 당 회전수(rpm)를 사용하는 것이 보다 간단하게 풀 수 있는 특별한 경우라고 할 수 있다.

속도가 반으로 감소하는 시간이 30초, 바꿔 말하면 1/2분이므로

각감속도 $\alpha = \dfrac{(300 - 150)\text{rpm}}{(1/3)\text{min}} = 450\text{r/min}^2$

따라서 150rpm에서 정지까지의 시간은

$$\frac{150\text{rpm}}{450\text{r/min}^2} = \frac{1}{3}\ \text{분} = 20\text{초}$$

(이 문제는 위에 설명한 것과 같은 계산을 하지 않아도 감속도가 일정하면, 어느 속도에서 절반의 속도까지 감소하는 시간과 정지할 때까지의 시간이 같다라는 것이 당연함을 알 수 있다.)

정지할 때까지의 회전수는

$$N = \frac{1}{2}at^2 = \frac{1}{2} \times 450r/\min^2 \times \frac{1}{3^2}\min^2 = 25 회전$$

4-8 $r\omega^2 = 38.4 \times 10^4 \text{km} \times \left(\frac{2\pi}{27.3 \times 24 \times 3600}\right)^2$

$$= 38.4 \times \left(\frac{2\pi}{27.3 \times 24 \times 36}\right)^2$$

$$= 2.725 \times 10^{-6} \text{km/s}^2$$

$$= 2.725 \text{mm/s}^2 \cdots 달의 가속도$$

4-9 $\dfrac{30\text{km}}{x-y} = \dfrac{7}{4}h$ $\dfrac{30}{x+y} = \dfrac{5}{4}$

따라서 $x-y = 120/7$, $x+y = 120/5$

$x = 20.57\text{km/h} \cdots 배의 속도$, $y = 3.43\text{km/h} \cdots 유속$

4-10 대지 속도 $v = \sqrt{400^2 - \dfrac{50^2}{2}} + \dfrac{50}{\sqrt{2}} = 433.8\text{km/h}$

기수의 방향 $\theta = \sin^{-1}(35.35/400) = 5°04' \cdots 정동쪽$
에서 약간 북쪽 방향으로

제5장 힘과 운동 법칙

5-1 감속도 $a = 9.81\text{m/s}^2 \times 0.02 = 0.196\text{m/s}^2$

화물차의 속도 $v = \sqrt{2ax}$

정지할 때까지의 거리

$$x = \frac{v^2}{2a} = \left(\frac{25000}{3600}\right)^2 \times \frac{1}{2 \times 0.196} = 123\text{m}$$

5-2 가속도 $a = (F/m) - g$

체인의 하단에서 x의 길이에 있는 점에 작용하는 장력 $T = Fx/l$

5-3 가속도 $a = g\tan 10° = 1.73\text{m/s}^2$

5-4 ① $+z$를 위쪽 방향에 잡으면, 전체 실의 운동 방정식은 그 성립에 주의해서 다음과 같이 된다.

$$3mz'' = -2mg + mg = -mg$$

따라서 $z'' = a = (1/3)g \cdots 가속도$

$F = mg - m(1/3)g = m(2/3)g \cdots$ 두 물체 사이에 작용하는 힘

② 그림 5-9의 좌측 두 개의 질량 중, 상측의 질량에 대한 운동 방정식을 생각한다.

두 개의 질량 사이에 작용하는 접촉력 F는, 상측의 질량에 대해 위쪽 방향이므로

$$mz'' = F - mg \quad 즉, \quad F = mg = mz''$$

여기서, $z'' = -(1/3)g$이므로, $F = (2/3)mg$

5-5 $P(부력) - mg = m\alpha$

투하한 모래주머니의 질량을 m'이라고 하면

$$p - (m - m')g = (m - m')\beta$$

위의 두 개의 식에서 P를 소거하면,

$$m\alpha + mg - mg + m'g = (m - m')\beta$$

여기서 $\beta = (m\alpha + m'g)/(m - m')$

수치를 대입하면,

기구의 가속도

$$\beta = \frac{120\text{kg} \times 1\text{m/s}^2 + 8\text{kg} \times 9.81\text{m/s}^2}{(120 - 8)\text{kg}} = 1.77\text{m/s}^2$$

5-6 p.95의 식(5·8)에서 $\tan 55° = r\omega^2/g$

$r = 0.4\text{m} \times \sin 55°$

$\therefore \tan 55° = 0.4 \times \sin 55° \times \omega^2 g$

$\therefore \omega^2 = g/(0.4 \times \cos 55°) = 42.73$

여기서,

진자의 매분 회전 $N = (\omega/2\pi) \times 60 = 62.45\text{rpm}$

실에 작용하는 힘

$$T = mg \times (1/\cos 55°) = mg \times 1.743$$

5-7 달의 공전에서 지구와의 회전 반경을 R_M이라고 하면,
p.97의 식(5·13)에서

$$M_M R_M \omega^2 = \frac{GM_M M_E}{R_M^2} \quad 여기서, \quad R_M^3 = \frac{GM_E}{\omega^2}$$

단, G는 만유인력 상수 [p.97의 식(5·12)참조].

지금, $F = mg = G \times m \times \dfrac{M_E}{R_E^2}$

여기서, $g = G \times \dfrac{M_E}{R_E^2}$

$$\therefore R_M = \sqrt[3]{\frac{GM_E}{\omega^2}} = \sqrt[3]{\frac{gR_E^2 T^2}{(2\pi)^2}} = \sqrt[3]{\left(\frac{R_E T}{2\pi}\right)^2 g}$$

이 식에서 $R_M{}^3 = \left(\dfrac{R}{2\pi}\right)^2 T^2 g$

$\therefore T \propto R_M{}^{3/2}$ 이것이 **케플러의 법칙**이다.

또한, $\omega = 2\pi/T$이므로

$R_M = \sqrt[3]{\dfrac{GM_E}{\omega^2}}$

$\quad = \sqrt[3]{\left(\dfrac{6370 \times 27.3}{2\pi}\right)^2 \times 0.00981 \times (3600 \times 24^2)}$

단, 6370km는 지구의 반경이다.(p.100참조).
또한, 0.00981은 중력가속도 $g\,(\mathrm{km/s^2})$이다.

5-8 p.99의 식(d)를 참조해서

$T = \dfrac{2\pi}{R_M}\sqrt{\dfrac{(R_M+h)^3}{g'}} = \dfrac{2\pi}{1740}\sqrt{\dfrac{(1740+30)^3}{g'}}$

단, g'는 달의 표면에서의 중력가속도, G는 만유인력
상수(p.97 참조).

$g' = \dfrac{GM_M}{R_M{}^2}$

$\quad = \dfrac{\{6.670\times10^{-11}\mathrm{m^3/(kg\cdot s^2)}\} \times \{(1/80)\times6.0\times10^{24}\mathrm{kg}\}^*}{(1740\mathrm{km})^2}$

$\quad = \dfrac{6.67\times10^{13}\times(1/80)\times6}{1740^2\times10^6} = \dfrac{3}{4}\times\dfrac{6.67}{1.74^2} = 1.652\,\mathrm{m/s^2}$

[*p.97의 식(5・14) 참조]

우주선이 원 궤도를 그리는데 필요한 시간은

$T = 2\pi\dfrac{1770}{1740}\sqrt{\dfrac{1770}{1.652\times10^{-3}}} = 6615$초

$\quad = 1$시간 50분 15초

별해 지구 표면에서는 중력 $mg = G(m\cdot M_E)/R_E{}^2$
이므로 $g = GM_E/R_E{}^2$이 된다.

따라서 달 표면에서의 중력가속도는

$g' = G\cdot M_M/R_M{}^2$이 된다.

단, $R_E = 6370$km이고,

또한 달의 반경 $R_M = 1740$km이다.

따라서 $g' = GM_M/R_M{}^2$이다. 여기에, 지구에서의 중력
가속도 g를 사용하면,

$g' = \dfrac{R^2}{M_E}\cdot g\cdot\dfrac{M_M}{R_M{}^2}$

$\quad = g\dfrac{M_M}{M_E}\left(\dfrac{R}{R_M}\right)^2 = g\cdot\dfrac{1}{80}\left(\dfrac{6370}{1740}\right)^2$

$\quad = 1.6435\,\mathrm{m/s^2}$ \hfill (4)

그런데, p.99에서 만유인력의 법칙으로 아래의 식이
출제되어 있다.

지구의 인력 $= G\times\dfrac{mM_E}{(R+h)^2}$

따라서 물체가 지표에 있을 때를 생각하면, $h = 0$
이므로

$mg = G\times\dfrac{mM_E}{R^2}$

$\therefore \dfrac{GM_E}{R^2} = g$

여기서, 고도 h에 있을 때 힘의 평형을 생각하면

$m(R+h)\omega^2 = \dfrac{G\cdot mM_E}{(R+h)^2}$ 이므로 g를 사용하면,

이 식은

$m(R+h)\omega^2 = mg\cdot\left(\dfrac{R}{R+h}\right)^2$

여기서, 속도 $v = (R+h)\omega = R\cdot\sqrt{\dfrac{g}{R+h}}$

공전 주기 $T = \dfrac{2\pi}{\omega} = \dfrac{2\pi}{R}\sqrt{\dfrac{(R+h)^3}{g}}$

이 식은 p.99에 식(d)로 표기되어 있다.

여기서, 문제 5-8[다른 풀이]의 식(4)으로부터 g'를
사용해서 공전 주기를 계산하면,

$T = 2\pi\dfrac{1770}{1740}\sqrt{\dfrac{1770}{1.6435\times10^{-3}}} = 6630$초

$\quad = 1$시간 50분 30초

제6장 강체의 운동

6-1 관성 모멘트의 정의(p.109의 6-2절)에 따라,

$I_z = MR^2$

직교축 정리에 의해 $I_x = I_y = \dfrac{1}{2}I_z = \dfrac{1}{2}MR^2$

평행축 정리에 의해 $I_x{}' = M\left(\dfrac{1}{2}+1\right)R^2 = \dfrac{3}{2}MR^2$

평행축 정리에 의해 $I_z{}' = MR^2 + MR^2 = 2MR^2$

6-2 이 문제의 해답을 구하기 위해서는, 가장 원리적인 방법인 지름이 큰 회전체에 대한 관성 모멘트를 구한 후, 두께만큼 지름이 작은 회전체의 관성 모멘트를 (동일한 식에 의해)구하여 전자의 값과 후자의 값에 대한 차이를 계산하면 된다. 두께가 매우 얇은 경우에는 물체의 표면적을 (표면적 적분법에 의해) 계산하고, 이것에 두께를 곱하면 회전체의 체적이 구해지고, 적분 과정의 도중에 부분의 지름의 제곱을 곱하면, 직접 핵체(중심체)의 관성 모멘트가 구해진다.

우선, 표면적 적분에 대해 설명하면,

$$M = \int_0^h p 2\pi y t \sqrt{1 + \left(\frac{dy}{dx}\right)^2} \, dx$$

여기에 $y = r + (R-r) \cdot x/h$

$$\therefore M = \int_0^h p 2\pi \left\{ r + (R-r)\frac{x}{h} \right\} t$$
$$\times \sqrt{1 + \left(\frac{(R-r)}{h}\right)^2} \, dx$$
$$= \frac{2\pi\rho t}{h} \cdot \sqrt{(R-r)^2 + h^2} \int_0^h \left[r + (R-r)\frac{x}{h} \right] dx$$

위의 식 중, 적분값은 $\frac{1}{2}h \times (R+r)$이 되므로,

위 식 $= \pi\rho t(R+r)\sqrt{(R-r)^2 + h^2}$

참고 위 식의 $\sqrt{(R-r)^2 + h^2}$ 의 값은 원뿔의 표면길이 s와 같다.

이상의 준비를 한 후, x축에서의 관성 모멘트를 구한다.

$$I_x = \int_0^h y^2 \cdot p 2\pi y t \sqrt{1 + \left(\frac{dy}{dx}\right)^2} \, dx$$
$$= p 2\pi t \sqrt{1 + \left(\frac{R-r}{h}\right)^2} \times \int_0^h y^3 dx$$

여기서, y는 앞에 나온 표면적 적분에 사용한 값으로,

$$y = r + (R-r)\frac{x}{h}$$

그 위에, 앞에 나온 M을 사용해서 I_x를 계산하면, 결국

$$I_x = (1/2)M \times (R^2 + r^2)$$

[M을 구하기 위한 다른 방법] 파푸스의 정리를 사용한다.(p.51 참조)

질량=표면적(A)$\times \rho \times t$이므로,

$$M = \rho t \times \frac{1}{2}(R+r) \times 2\pi \times \sqrt{(R-r)^2 + h^2}$$

여기서, $\frac{1}{2}(R+r)$은 직선의 무게 중심이고, 또한, 마지막 항은 L이므로, 위 식은

$$M = \rho t \pi (R+r) \sqrt{(R-r)^2 + h^2}$$

이렇게 해서, M이 비교적 간단하게 구해진다.

6-3
$$\frac{I}{7.8 \times 10^{-3} \times 2}$$
$$= \pi \cdot 20^2 \cdot \frac{20^2/2}{2} - 4\pi \cdot 4^2 \left(\frac{4^2}{2} + 10^2 \right)$$
$$= \pi \left(\frac{20^4}{2} - 64 \times 108 \right)$$

중심축에서의 관성 모멘트
$$I = 3580 \text{kg} \cdot \text{cm}^2 = 0.358 \text{kg} \cdot \text{m}^2$$

6-4 면에 수직인 중심축에서의 모멘트는
$$I = 7.8 \times 10^{-3} \text{ kg/cm}^3 \times \left\{ 2 \times 20 \times 6^2 \pi \right.$$
$$\times \frac{6^2}{2} + 15 \times 6^2 \pi \times \left(\frac{6^2}{2} + 20^2 \right) + 2 \times 8$$
$$\left. \times 40 \times 20 \times \left(\frac{20^2 + 40^2}{12} + 10^2 \right) \right\}$$
$$= 7.8 \times 10^{-3} \times \{ 40\pi \times 36 \times 18 + 15\pi$$
$$\times 36 \times 418 + 12800 \times \left(\frac{2000}{12} + 100 \right) \}$$
$$= 32787.5 \text{kg} \cdot \text{cm}^2 = 3.279 \text{kg} \cdot \text{m}^2$$

6-5 원점이 O가 되는 좌표 상에서의 도심의 위치 x_G, y_G를 구한다.

$x_G = 10 + (10 + 27.5) \times 1100/3100 = 23.3$,

$y_G = 10 + 40 \times 2000/3100 = 35.81$

xx축에서의 단면 이차 모멘트는

$$I_x = 2000 \times \left\{ \underset{\text{(중심축에서의 이차모멘트)}}{\frac{100^2}{12}} \right\} + (50 - 35.81)^2$$
$$+ 1100 \times \{20^2/12 + (35.81 - 10)^2\} = 2838816$$

여기서, 그림 6-25에서 치수의 단위를 mm라고 한다. 그 경우, $I_x = 283.9 \text{cm}^4$

yy축에서의 단면 이차 모멘트는

$$I_y = 2000 \times \left\{ \frac{20^2}{12} + (23.3 - 10)^2 \right\} + 1100$$
$$\times \{55^2/12 + (20 + 27.5 - 23.3)^2\}$$

$= 1341932$

$\therefore I_y = 134.2 cm^4$

6-6 $I = 60 kg \times 40^2/2 cm^2 = 4.8 kg \cdot m^2$

$I\theta'' = T,\ \theta'' = \alpha$ 라고 하면, $\theta' = \alpha t$

$\theta = \dfrac{1}{2}\alpha t^2 = \dfrac{1}{2}\alpha \times \left(\dfrac{\theta'}{\alpha}\right)^2 = \dfrac{1}{2} \times \dfrac{\theta'^2}{\alpha}$

수치를 넣으면

$25 \times 2\pi = \dfrac{1}{2\alpha}\left(\dfrac{2\pi \times 3600}{60^2}\right)^2$

여기서 $\alpha (\text{rad/s}^2) = \dfrac{(10\pi)^2}{100\pi} = \pi$

따라서 그라인더에 작용한 토크는

$T = I\alpha = 4.8 kg \cdot m^2 \times \pi \text{rad/s}^2$

$\qquad = 15.08 kg \cdot m/s^2 \cdot m = 15.1 N \cdot m$

6-7 우선, 구에 관한 여러 수치를 계산한다.

구의 부피

$V = 2\displaystyle\int_0^R \pi r^2 dz = 2\pi \int_0^R (R^2 - z^2)dz$

$\qquad = 2\pi\left(R^3 - \dfrac{R^3}{3}\right) = \dfrac{4}{3}\pi R^3$

밀도 $\rho = \dfrac{M}{(4/3)\pi R^3}$

관성 모멘트

$I_z = \rho \cdot 2\displaystyle\int_0^R \pi r^2 \cdot \dfrac{1}{2} \cdot r^2 \cdot dz = \rho\pi \int_0^R r^4 dz$

$\qquad = \rho\pi\displaystyle\int_0^R (R^2 - z^2)^2 dz$

$\qquad = \rho\pi\displaystyle\int_0^R (R^4 - 2R^2 z^2 + z^4)dz$

$\qquad = \rho\pi\left\{R^5 - \dfrac{2}{3}R^5 + \dfrac{1}{5}R^5\right\}$

$\qquad = \rho\pi \dfrac{8}{15}R^5 = \dfrac{3}{4\pi} \cdot \dfrac{M}{R^3} \cdot \dfrac{8}{15} \cdot \pi R^5 = \dfrac{2}{5}MR^2$

운동 방정식은

$mx'' = mg, \sin\theta - F,\ I\phi'' = FR$

그런데 $\phi'' = x''/R$

$\therefore mx'' = mg \cdot \sin\theta - (I/R) \times (x''/R)$

$\therefore \left(m + \dfrac{I}{R^2}\right)x'' = mg \cdot \sin\theta$

$\left(1 + \dfrac{2}{5}\right)x'' = g \cdot \sin\theta$

$\therefore x'' = \dfrac{5}{7}g \cdot \sin\theta \cdots$ 구의 가속도

원주의 경우, p.120의 예제 6-13에 있는 2/3이므로,

구의 값이 $\dfrac{5/7}{2/3} = 1.07$으로, 구는 원주보다 7% 많아

진다.

6-8 운동 방정식

$m_1 a = m_1 g - T_1$

$R(T_1 - T_2) = I(a/R)$

$m_2 a = T_2 - m_2 g$

$\therefore m_1(g - a) - m_2(a + g) = I \cdot a/R^2$

$(m_1 - m_2)g - (m_1 + m_2)a = I \cdot a/R^2$

따라서 운동의 가속도는

$a = \left(\dfrac{m_1 - m_2}{m_1 + m_2 + (I/R^2)}\right)g$

실의 장력은 각각

$T_1 = m_1 g\left\{1 - \dfrac{m_1 - m_2}{m_1 + m_2 + (I/R^2)}\right\}$

$\quad = \left\{\dfrac{2m_2 + (I/R^2)}{m_1 + m_2 + (I/R^2)}\right\} \cdot m_1 g$

$T_2 = m_2 g\left\{\dfrac{m_1 - m_2}{m_1 + m_2 + (I/R^2)} + 1\right\}$

$\quad = \left\{\dfrac{2m_1 + (I/R^2)}{m_1 + m_2 + (I/R^2)}\right\} \cdot m_2 g$

6-9 풀리 A와 B의 회전 운동에 대한 방정식은

$\begin{cases} I_1\theta'' = T - F'R_1 + F''R_1 \\ I_2\theta'' = F'R_2 - F''R_2 \end{cases}$

두 풀리의 각가속도 사이에는 다음의 관계가 있다.

$\theta_1 R_1 = \theta_2 R_2$

따라서

$\begin{cases} I_1\theta_2'' \dfrac{R_2}{R_1} = T - (F' - F'')R_1 \\ I_2\theta_2'' = (F' - F'')R_2 \end{cases}$

따라서

$$I_1\theta_2{}''\frac{R_2}{R_1} = T - \frac{R_1}{R_2}I_2\theta_2{}'' \rightarrow \left(I_1\frac{R_2}{R_1} + I_2\frac{R_1}{R_2}\right)\theta_2{}'' = T$$

$$\therefore \theta_2{}'' = \frac{T}{I_1(R_2/R_1) + I_2(R_1/R_2)} = \left(\frac{R_1R_2}{I_1R_2^2 + I_2R_1^2}\right)T$$

벨트의 장력 차이는

$$\Delta F = F' - F'' = \frac{I_2}{R_2}\left(\frac{R_1R_2}{I_1R_2^2 + I_2R_1^2}\right)T$$

$$= \left(\frac{I_2R_1}{I_1R_2^2 + I_2R_1^2}\right)T$$

6-10 봉의 A점에서의 관성 모멘트

$$I_A = \int_0^L \frac{m}{L} \times x^2 dx = \frac{m}{L} \times \frac{L^2}{3} = m\frac{1}{3}L^2$$

여기서, $m/L = \rho$로 선밀도가 된다.

무게 중심 O점에서의 관성 모멘트는, 평행축 정리에 의해

$$I_O = mL^2/3 - m(L/2)^2$$

$$= mL^2/12 \left[= m(1/3) \cdot (L/2)^2 \right]$$

무게 중심에서의 운동 방정식은

직선 운동 방정식 $m\dfrac{L}{2}\theta'' = mg - F_A$ (5)

회전 운동 방정식 $m\dfrac{L^2}{12}\theta'' = F_A\dfrac{L}{2}$ (6)

식(6)에서 $\theta'' = F_A\dfrac{6}{mL}$ (7)

식(7)을 식(5)에 대입하면

$$\frac{mL}{2}F_A\frac{6}{mL} = mg - F_A$$ (8)

여기서

$3F_A = mg - F_A \rightarrow F_A = (1/4) \cdot mg \cdots$ 지점의 반력

$\therefore \theta'' = (1/4)mg(6/mL) = (3/2) \cdot (g/L) \cdots$ 각가속도

제7장 마찰

7-1 마찰각의 정의에 의해 다음 식의 관계가 성립한다.

$$mg \cdot \sin\theta = \mu mg \cdot \cos\theta$$

따라서 마찰각은

$$\theta = \tan^{-1}0.28 = 15°39'$$

7-2 등가 운동이므로, 중력의 경사면 방향의 성분과 경사면에 직각 방향인 성분(면 압력에 마찰 계수를 곱한 마찰력)이 평형을 이루는 상태이므로 운동의 마찰계수는

$$\mu = \tan12° = 0.213$$

7-3 $F = mg \cdot \sin\alpha \pm \mu mg \cdot \cos\alpha$

$\therefore p = (mg\sin\alpha + \mu mg\cos\alpha)/(mg\sin\alpha - \mu mg\cos\alpha)$

    $= (\sin\alpha + \mu\cos\alpha)/(\sin\alpha - \mu\cos\alpha)$

$\therefore \sin\alpha + \mu\cos\alpha = p\sin\alpha - p\mu\cos\alpha$

$\mu(p+1)\cos\alpha = (p-1)\sin\alpha$

따라서 정지 마찰계수는

$\mu = \{(p-1)/(p+1)\} \cdot \tan a$

7-4 구속력을 F라고 하면, 연직 방향 힘의 평형에서

$$2F\sin\alpha = mg$$

축방향의 접촉력을 P라고 하면

$P = \mu 2F = \mu mg/\sin\alpha \cdots$ 필요한 힘

회전에 필요한 토크를 M이라고 하면

$M = 2\mu FR = \mu Rmg/\sin\alpha \cdots$ 필요한 모멘트

7-5 봉과 바닥면의 접촉점을 Q, 벽면과의 접촉점을 W라고 하면, 봉에 작용하는 연직 방향 힘의 평형에서

$0.2F_W + F_Q = (mg =)25 \times 9.81$ (9)

위와 같이, 수평 방향 힘의 평형에서

$0.3 \times F_Q = F_W$ (10)

Q점에서의 힘의 모멘트 평형에서

$25\text{kg} \times 9.81\text{m/s}^2 \times 2\text{m}\left[= (1/2) \cdot 4\text{m} \right]$

$= F_W \times 4\text{m} \times \cos\theta + 0.2F_W \times 4\text{m} \times \sin\theta$ (11)

식(9)와 (10)에서, $(0.06+1)F_Q = 25 \times 9.81$

$\therefore F_Q = 25 \times 9.81/1.06 = 231.14\text{N}$

식(10)에서, $F_W = 69.34\text{N}$

식(11)에서, $25 \times 9.81\sin\theta - 0.4F_W\sin\theta = 2F_W\cos\theta$

$\therefore \tan\theta = 2F_W/(25 \times 9.81 - 0.4F_W)$

    $= 138.68/217.51 = 0.638$

여기서, $\theta = 32°32'$이하$\cdots$ 벽과의 사이 각도

결국, 봉의 m(질량)과 l(길이)와는 관계가 없다.

7-6 $110\text{N} = 3\text{kg} \times 9.81\text{m/s}^2 \times 7$(마찰면의 수)$\times \mu$(마찰 계수)

$\therefore \mu = 110/(21 \times 9.81) = 0.533$

종이와 바닥면 사이의 마찰력은 작다고 하여 무시하고 있다. 종이끼리 마찰되는 면은 모두 7장이다.

다루마 오토시(일본의 전통놀이로 관성의 원리를 이용한 것)와 같은 원리로 힘의 전달에는 상한이 존재하는데 현재 힘이 한계 상태로 되어 있다. 이 때문에, 전달 가능한 가속도 $a < \mu_m g$가 된다.

바닥면의 마찰이 클 때, 힘을 서서히 증가시키면 왼쪽으로 움직일 것이다.

또한, 추 아래쪽 면과 밑면의 마찰 계수가 같다고 하고, 이것을 μ_m으로 할 때, $a \geq \mu_m g$일 때는, 110N을 갑자기 가하면, 좌우로 동시에 움직일 것이다.

7-7 $I\theta'' = T$ ∴ $\theta'' = T/I$, $\theta' = (T/I)t$

∴ $T = \dfrac{1}{t}I\theta' = \dfrac{1.2\text{kg} \cdot \text{m}^2}{2 \times 60\text{초}} \times \dfrac{2\pi350\,\text{rad}}{60} = 0.367\text{N} \cdot \text{m}$

··· 마찰 토크

7-8 $v^2/r = \mu g$, 여기서 $v = \sqrt{R\mu g}$

따라서 옆으로 미끄러지지 않을 최대 속도는

$v = \sqrt{80\text{m} \times 0.2 \times 9.81\text{m/s}^2} = 12.53\text{m/s} = 45.11\text{km/h}$

7-9 p.133의 식(7 · 19) "나사의 효율"에서

$\eta = \dfrac{1 - 0.08 \times 3.5/(\pi \times 28)}{1 + 0.08\pi \times (28/3.5)} = 0.9968/3.011 = 0.33$

7-10 p.136의 식(7 · 26)에서

$T_2/T_1 = e^{-\mu\alpha}$, 따라서 $T_2/T_1 = 1/50 = 0.02$에서

$e^{-0.3\alpha} = 0.02$

∴ $-0.3\alpha = \log_e 0.02$

$\alpha = \dfrac{-3.912}{-0.3} = 13.04\,\text{rad}$

필요한 감는 횟수는 $13.04/(2\pi) = 2.07$회 이상

제8장 일과 에너지

8-1 이 문제를 풀기 위해서는 두 가지 방법이 있다. 운동 방정식과 에너지 방정식이다.

이 장에서 기대되는 풀이 방법은 후자이므로, 우선, 에너지 방정식으로 답을 구하겠다.

$(1/2)mv^2 = \mu mgs \rightarrow$ 마찰 계수 $\mu = v^2/(2gs)$

이처럼 이 문제의 경우, 분명히 간단하지만, 현상의 경과를 알기 위해서는 운동 방정식이 뛰어나므로, 아래에 그것을 설명하겠다.

$mx'' = -\mu mg$

∴ $x'' = -\mu mg$

적분해서, $x' = -\mu gt + const$

초기 조건은 $t = 0$이고, $x' = v$이므로,

$const = v$ 즉, $x' = v - \mu gt$

적분해서 $x = vt - \mu g(1/2)t^2 + const$

다시, 초기 조건은 $t = 0$이고 $x = 0$이므로,

$const = 0$

따라서 $x = vt - (1/2)\mu gt$ 또한 $x' = v - \mu gt$

위 식에서 $v = x' = 0$이 되는 것은, $t_s = v/(\mu g)$

따라서 이 ts를 x식에 대입하면, 도달 거리는

$s = \dfrac{v^2}{\mu g} - \dfrac{(1/2)v^2}{\mu g} = \dfrac{(1/2)v^2}{\mu g}$

따라서 마찰 계수 $\mu = v^2/(2gs)$

당연하지만, 이 결과는 앞에서 설명한 에너지 방정식에서 얻어진 식과 같다.

중력가속도의 경우와 마찬가지로 이 경우에서도, 얻어진 결과는 물체의 질량과 무관하다.

8-2 $E = 10\text{kg} \times 9.81\text{m/s}^2 \times 8\text{m}$(손실 에너지)

$\qquad\qquad\qquad - (1/2) \times 10 \times 0.2^2$(획득 에너지)

$= 783.8\text{N} \cdot \text{m} = 784\text{J}$ ··· 결국, 손실 에너지.

8-3 에너지의 손실이 없다고 하면

$\dfrac{1}{2}ks^2 = \dfrac{1}{2}mv^2$

∴ 방출 시의 속도 $v = \sqrt{\dfrac{k}{m}} \times s$

8-4 손실된 위치 에너지는 무게 중심의 강하에 의한 것이므로,

$U = (1/2)mgl$

한편, 얻어진 운동 에너지는, $T_{\max} = U_{\max}$ 되는 관계에서

$$T = \frac{1}{2} m \frac{l^2}{3} \theta'^2$$

$$\therefore \theta'^2 = \frac{1}{2} \times \frac{mgl}{ml^2/6} = \frac{3g}{l}$$

$$\therefore \theta' = \sqrt{\frac{3g}{l}}$$

봉 끝의 속도 $v = l\theta' = l\sqrt{\frac{3g}{l}} = \sqrt{3gl}$

8-5 $\dfrac{1000\text{ton} \times 9.81\text{m/s}^2 \times 2\text{m}}{2\text{kW}} = \dfrac{19620 \times 10^3\text{J}}{2000\text{J/s}}$

$$= 2\text{시간 } 43\text{분 } 30\text{초}$$

8-6 $A \times v \times \rho = Q$ 즉,

$(2\text{m} \times 0.8\text{m}) \times 6\text{m/s} \times 1000\text{kg/m}^3 = 9600\text{kg/s}$

$Q \times g \times h = \text{kg}(\text{m/s}^2)\text{m}(1/\text{s}) = W(\text{와트})$ 즉,

$9600\text{kg/s} \times 9.81\text{m/s}^2 \times 20\text{m} = 1883520\text{kg} \cdot \text{m}^2/\text{s}^3$

따라서 얻어진 동력은 1883.5kW.

참고 p.148에서,

동력 $P = d/dt \cdot (mgh) = d/dt \cdot \rho A v \cdot gh$

8-7 모터의 토크는

$$T = \frac{P}{\omega} = \frac{5000\text{N} \cdot \text{m/s}}{1200 \times 2\pi/60\text{s}} = 39.79\text{N} \cdot \text{m}$$

8-8 절삭에 소비된 동력은

$5000\text{N} \times 25\text{m}/60\text{s} = 2083\text{J/s} = 2.08\text{kW}$

8-9 필요한 동력은

$200 \times 10^3\text{kg} \times 9.81\text{m/s}^2 \times (1/1000 + 5/1000)$

$$\times (60000/3600)\text{m/s}$$

$$= 196.2\text{kW}$$

8-10 (a) $F = \dfrac{1}{4}(W + w)$

∵ W가 $W + w$로 되는 것이므로,

(b) $F = \dfrac{1}{2}\left[\dfrac{1}{2}\left\{\dfrac{1}{2}(W + w) + w\right\} + w\right] = \dfrac{W}{8} + \dfrac{7}{8}w$

(c) $W = (8F + 7w) + (4F + 3w) + (2F + w) + F$

$$= 15F + 11w$$

$$\therefore F = \frac{1}{15}(W - 11w)$$

(d) W가 $W + w$가 될 뿐이므로

$$F = (W + w)\frac{R - r}{2R}$$

제 **9** 장 **운동량과 역적, 충돌**

9-1 $mx'' = F_0 \sin\left(2\pi \dfrac{t}{T}\right)$

물체의 속도는

$$x' = \frac{F_0}{m} \int_0^{T/2} \sin\frac{2\pi}{T} dt$$

$$= \frac{F_0}{m} \cdot \frac{T}{2\pi}\left[-\cos\left(2\pi \frac{t}{T}\right)\right]_0^{T/2}$$

$$= \frac{F_0}{m} \cdot \frac{T}{2\pi}[1 + 1] = \frac{1}{\pi} \cdot \frac{F_0 T}{m}$$

9-2 벽면이 받는 힘은

$F = Q\text{kg/s} \times v\text{m/s} = 10000\text{kg}/60\text{s} \times 3\text{m/s} = 500\text{N}$

∵ p.160의 식(9・6)에서, $v' = 0$인 경우.

9-3 (p.160의 예제 9-3 참조)

항공기에 작용하는 역추력은

$F = 90\text{kg/s} \times \{(200 \times 1000/3600)\text{m/s}$

$$+ 600\text{m/s} \times \sin 20°\}$$

$$= 23467\text{N} = 23.5\text{kN}$$

9-4 p.160의 식(9・6)을 사용해서

$F = Q(v' - v) = \rho \times A \times v(v' - v)$

최대 힘은

$1.25\text{kg/m}^3 \times \left\{\dfrac{\pi}{4}(9.5\text{m})^2\right\} \times 12\text{m/s} \times (12 - 0)\text{m/s}$

$$= 12758\text{N} = 12.8\text{kN}$$

적재 가능한 질량은

$(900 + m)g = 12758$

$$\therefore m = 402\text{kg}$$

9-5 연결 후의 속도 $v = 15 \times 3/(15 + 25) = 1.125\text{m/s}$

평균 충격력은

$$\frac{15\text{ton} \cdot (3-1.125)\text{m/s}}{0.4\text{s}} = 70.3\text{ton} = 689.8\text{kN}$$

9-6 $\dfrac{0.03\text{kg} \times v\text{m/s}}{5.03\text{kg}} = v_0$ (충돌 직후 물체의 속도)

운동 에너지는

$$(1/2) \cdot m v_o^2 = mg \times 1(\text{m}) \times (1 - \cos 15°)$$

$$v_o^2 = 2 \times 9.81 \times 0.0341 (\text{m/s})^2$$

$$\therefore v_o = 0.818 \text{m/s}$$

따라서 납구의 속도

$$v = 0.818 \times 5.03/0.03 = 137.2 \text{m/s}$$

9-7 $m_a \times v + m_b \times 0 = m_a \times 0 + m_b \times 0.6v$

$$\therefore m_a = 0.6 m_b \quad m_a/m_b = 0.6 = 3/5$$

··· 두 구의 질량비

설명 p.165의 식(9・15), 식(9・16)에서는, 두 개 물체의 충돌전후의 속도를 각각 v_1, v_1', v_2, v_2'로 하고 있으므로, 이것들을 사용하면, 같은 식(9・14)에서 $m_1 v_1 + m_2 v_2 = m_1 v_1' + m_2 v_2'$

같은 식(9・15)에서

반발계수 $e = (v_2' - v_1')/(v_1 - v_2)$

예제 9-7에서는 $v_2 = 0$, $v_1' = 0$이므로, $e = v_2'/v_1$

$$\therefore v_2' = e v_1$$

v_1을 v로 쓰면, $m_a v = m_b e v$

$$\therefore m_a = 0.6 m_b$$

즉, $m_a/m_b = 0.6 = 3/5$이 되어서, 앞에서 나온 결과와 같게 된다.

9-8 충돌 시 봉에 작용하는 지지점의 반력은 지지점에서 모멘트를 갖지 않으므로, 그 점에 관한 각운동량은 충돌 전후로 변하지 않을 것이다.

충돌 전 P점에서의 각운동량은

$$H_0 = mv(l-a) - mva = mv(l-2a) \tag{12}$$

H_0는 무게 중심이 갖는 운동량 $2mv$의 P점에서의 각운동량이라고 생각해도 좋고, 이 때에는

$$H_0 = mv\left(\frac{1}{2}l - a\right) = mv(l-2a)$$

로 당연히, 식(12)와 같다.

충돌 후 P점에서의 각운동량은

$$H_1 = m(l-a)^2 \omega + ma^2 \omega \tag{13}$$

따라서 식(12), 식(13)을 같다고 하면,

충돌 후의 회전 속도 $\omega = (l-2a)v/\{(l-a)^2 + a^2\}$

식(13)에 대해서는, P점에서의 관성 모멘트 I_P를 사용하면,

$$H_1 = I_P \omega$$

이고, 또한 I_P는

$$I_P = 2m\left(\frac{1}{2}l\right)^2 + 2m\left(\frac{1}{2}l - a\right)^2$$

$$= 2m\left(\frac{l^2}{4} + \frac{l^2}{4} - la + a^2\right)$$

$$= m(l^2 - 2al + 2a^2) = m(l-a)^2 + ma^2$$

따라서 $I_P \omega$는 식(13)과 같게 된다.

다른풀이 충돌 시 P점에서 강체 봉에 가해지는 역적을 P_I이라고 하면, $2m(x' - v) = -P_I$

이 식은 직선 운동량의 변화와 역적의 관계를 나타내는 것으로 식 안의 x'는 충돌 후의 속도이고 아래 방향을 $(+)$로 잡고 있다. v는 당연히 충돌 전의 속도이다. 다음으로 회전 운동량의 변화와 역적 모멘트의 관계는

$$2m\left(\frac{l}{2}\right)^2 \times (\omega - 0) = P_I\left(\frac{l}{2} - a\right) \tag{15}$$

또,

$$x' = \left(\frac{l}{2} - a\right)\omega \tag{16}$$

가 성립하므로, 식(14)~(16)에서 x'와 P_I을 없애면,

$$-2m\left\{\left(\frac{l}{2} - a\right)\omega - v\right\} \times \left(\frac{l}{2} - a\right) = 2m\left(\frac{l}{2}\right)^2 \omega \tag{17}$$

여기서

$$\left\{\left(\frac{l}{2}\right)^2 + \left(\frac{l}{2} - a\right)^2\right\}\omega = \left(\frac{l}{2} - a\right)v$$

따라서

$$\omega = \frac{l/2 - a}{l^2/2 - la + a^2}v = \frac{l-2a}{l^2 - 2la + 2a^2}v$$

$$= \frac{l-2a}{(l-a)^2 + a^2}v$$

제10장 진동

10-1 최대 속도

$$v_{\max} = A\omega = 5\text{mm} \times 2\pi \times 8 = 251.3\text{mm/s} = 0.25\text{m/s}$$

최대 가속도

$$a_{\max} = A\omega^2 = 5 \times (2\pi \times 8)^2 = 12633\text{mm/s}^2 = 12.6\text{m/s}$$

10-2 원판과의 접촉면은, 회전축을 기준으로 해서,

$$x = R + a \cdot \cos\omega t$$

의 상하 진동을 한다.

10-3 (a) 고유 진동수 $f_n = \dfrac{1}{2\pi}\sqrt{\dfrac{2k}{m}}$

     (b) 고유 진동수 $f_n = \dfrac{1}{2\pi}\sqrt{\dfrac{k}{2m}}$

10-4 고유 진동수는

$$f_n = \frac{1}{2\pi}\sqrt{\frac{(l/2)^2 \times k\sin^2 45^\circ}{ml^2/3}} = \frac{1}{2\pi}\sqrt{\frac{k(1/4)(1/2)}{m(1/3)}}$$

$$= \frac{1}{2\pi}\sqrt{\frac{3}{8} \cdot \frac{k}{m}}$$

다른풀이 봉이 각도 θ만큼 조금 회전했을 때, 스프링의 신장(늘어남)은 $(l\theta/2)\cos 45^\circ$로, 지지점에서의 복원 모멘트는

$$-k\frac{l\theta}{2}\cos 45^\circ \cdot \frac{l}{2}\cos 45^\circ = -\frac{1}{8}kl^2\theta$$

가 된다. 따라서 회전 운동의 방정식은

$$\frac{1}{3}ml^2\frac{d^2\theta}{dt^2} + \frac{1}{8}kl^2\theta = 0$$

여기서, 고유 진동수는

$$f_n = \frac{1}{2\pi}\sqrt{\frac{3}{8} \cdot \frac{k}{m}}$$

10-5 $(2\pi \times 5)^2 = k/m$ $(2\pi \times 4.5) = k/(m+5)$

여기서 $k = m \cdot (2\pi \times 5)^2 = (m+4.2) \times (2\pi \times 4.5)^2$

따라서 가동부의 질량은

$$m = (2\pi \times 4.5)^2 \times 5 / \{(2\pi \times 5)^2 - (2\pi \times 4.5)^2\}$$

$$= 101.25/(25 - 20.25)$$

$$= 21.3\text{kg}$$

스프링 상수

$$k = (2\pi \times 5)^2 \times 21.3 = 21038\text{N/m} = 21\text{kN/m}$$

10-6 I를 가로 방향 축에서 배의 관성 모멘트라고 하면, θ가 작은 경우의 운동 방정식은

$$I\theta'' = -mgh\theta \quad \text{단, } h = GM$$

(p.66의 그림 3-25의 경우, G에는 가로 방향의 힘은 작용하지 않으므로, G는 움직이지 않고, 복원 모멘트만 작용한다.)

따라서 롤링의 고유 진동수는

$$f_n = \frac{1}{2\pi}\sqrt{\frac{mgh}{I}}$$

참고 톰슨/코보리 요이치 역 : '기계 진동 입문', p.26. 마루젠.

10-7 봉의 작은 회전각을 θ라고 하면

$$ml^2\frac{d^2\theta}{dt^2} + ka^2\theta = 0$$

고유 진동수 $f_o = \dfrac{1}{2\pi}\dfrac{a}{l}\sqrt{\dfrac{k}{m}}$

댐퍼가 장착되면

$$ml^2\frac{d^2\theta}{dt^2} + ca^2\frac{d\theta}{dt} + ka^2\theta = 0$$

이고, 그 진동수는

$$f_d = f_o\sqrt{1 - \left(\frac{ac}{2l\sqrt{mk}}\right)^2}$$

10-8 가진력을 F라고 하면,

$$mx'' + cx' = F \to -ma\omega^2\cos\omega t - ca\omega\sin\omega t = F$$

$$F = \sqrt{(ca\omega)^2 + (ma\omega^2)^2} = a\omega\sqrt{c^2 + (m\omega)^2}$$

$$= 12\text{mm} \times 2\pi \times \frac{90}{60}$$

$$\times \sqrt{(5\text{kN/1m/s})^2 + (1.4\text{kg} \times 2\pi \times 1.5)^2}$$

$$= 0.012 \times 3\pi\,\text{m/s} \times \sqrt{(5000\text{kg})^2 + (4.2\pi)^2} = 565\text{N}$$

10-9 일정한 속도 v로 주행하는 자동차에 대한 도로의 요철 진동수를 $\omega = 2\pi v/\lambda$라고 하면, p.189의 식(10·48)을 그대로 자동차 상하 진동의 진폭으로 사용할 수 있다.

진폭이 커지는 것은, 공진일 때로,

$$v = \frac{\lambda}{2\pi} \sqrt{\frac{k}{m}} = \lambda f$$

10-10 문제 10-7의 식(b)를 다시 쓰면

$$\frac{1}{2\pi} \sqrt{\frac{k}{m}} < \frac{1}{\sqrt{1+n}} \frac{\omega}{2\pi} \quad \text{혹은} \quad f_0 < \frac{1}{\sqrt{1+n}} f$$

로, 기계의 고유 진동수 f_0는 가진 진동수 f의 $1/\sqrt{1+2}$, 즉, 6.93Hz이하로 잡아야 한다. 스프링 상수는 152kN/m이하.

제11장 입체적인 힘의 평형

11-1 $30\text{kg} \times 9.81\text{m/s}^2 = 3T \times \dfrac{60}{\sqrt{100^2 + 60^2}}$

$$\therefore T = 10 \times \frac{9.81}{6} \times \sqrt{6^2 + 10^2} = 190.7\text{N}$$

$$\cdots \text{끈에 작용하는 장력}$$

11-2 봉의 내력을 F라고 하면,

$$F \frac{\sqrt{3}}{2} \times 150\text{cm} = 20\text{kg} \times 150\text{cm} \times \frac{1}{2} \times 9.81\text{m/s}^2$$

$$\therefore F = 10 \times 9.81 \times \frac{1}{\sqrt{3}} = -56.64\text{N}$$

다른풀이 $Y_A + Y_B = F\cos 60°,$

$Z_A + Z_B + F\sin 60° = 20 \times 9.81$

x축에서

$F \times 1.5 \times \sin 60°$

$= 20 \times 9.81 \times 0.75 \times \cos 60°$

$\rightarrow F = 56.58\text{N}$

여기서, A, B점의 각 힌지에 작용하는 힘을 구한다.

$Y_A = 0$

$Z_A \times 1.8 = 20 \times 9.81 \times 0.9 (y축에서)$

$Z_A = 98.1$

$\therefore A$힌지 반력 981N

$Z_B = 49.1$

$\therefore B$힌지 반력 56.6N

11-3 다리 A, B, C에 작용하는 힘을 각각, F_A, F_B, F_C로 한다.

$$F_A + F_B + F_C = 65 \times 9.81 = 638N \ (18)$$

x축에서

$$\left(F_B + F_C\right)60 \times \sqrt{3} \times \frac{1}{2} - 50 \times 9.81 \times 30 \times \frac{1}{2} = 0$$

y축에서

$$\left(F_B + F_C\right)60 \times \frac{1}{2} + 50 \times 9.81 \times 30 \times \frac{\sqrt{3}}{2} - F_A$$
$$\times 60 = 0$$

여기서, $\left(F_B - F_C\right)52 - 7358 = 0$ $\qquad$ (19)

$\left(F_B + F_C\right)30 + 12743 - F_A \times 60 = 0$ $\qquad$ (20)

식(18), 식(20)에서

$\left(638 - F_A\right) + 425 - 2F_A = 0 \rightarrow F_A = 354N$

$F_B - F_C = 142, \ F_B + F_C = 284$

$\rightarrow F_B = 213N, \ F_C = 71N$

11-4 원판을 각도 θ만큼 조금 비틀면, 각각의 줄은 연직선에 대해 $R\theta/l$만큼 기울고, 세 개의 줄로 원판에 $3T(R\theta/l) \times R$의 복원 모멘트를 준다.

$T = \dfrac{1}{3}mg$이므로, 복원 모멘트 $M = mg\dfrac{R^2}{l}\theta$

여기서, 진동수는

$$f_n = \frac{1}{2\pi} \sqrt{\frac{mgR^2/l}{m(1/2)R^2}} = \frac{1}{2\pi} \sqrt{\frac{2g}{l}}$$

다른풀이 에너지 방정식

$$T = \frac{1}{2}m \cdot \frac{1}{2}R^2 \cdot \theta^2$$

$$U = mgh = mgl(1 - \cos\phi) - \frac{1}{2}mgl\phi^2$$

여기서, $l\theta = R\theta$의 관계가 있으므로,

$$U = \frac{1}{2}mgl\left(\frac{R}{l}\right)^2\theta^2 = \frac{1}{2}mg\frac{R^2}{l}\theta^2$$

$$f_n = \frac{1}{2\pi} \sqrt{\frac{mgR^2/l}{m(1/2)R^2}} = \frac{1}{2\pi} \sqrt{\frac{2g}{l}}$$

11-5 $100 \times 15 = d^2 \times 20\cos\theta, \ 100 \times 20 = d^2 \times 20\sin\theta$

$$\therefore \tan\theta = 4/3 \rightarrow \theta = 53°$$

$$d = \sqrt{100/\sin 53°} = 11.19\text{cm}$$

11-6▶ L면 : $Mr \times d_2/(d_1+d_2)$로 하면 되므로,

$$m_1 = M \times (r/r_1) \times (d_2/d)$$

R면 : $Mr \times d_1/(d_1+d_2)$로 하면 되므로,

$$m_2 = M \times (r/r_2) \times (d_1/d)$$

무게 중심 G의 반대 측에, 각각 m_1, m_2의 질량을 설치하면 된다.

참고 도서

Ⅰ 입문서

(1) 모리타 히토시 : 역학, 리코우 도서(1954)

(2) 스기야마 류지 : 기초역학연습, 바이부칸(1960)

(3) 이노우에 야스 노스케 외 : 기술자를 위한 역학입문, 산교 도서(1962)

(4) 아오키 히로, 고타니 스스무 : 공업역학, 모리야마 출판(1971)

(5) R. P.파인먼 외(츠보이 역) : 파인먼 물리학 1, 이와나미 서점(1967)

Ⅱ 역학의 이야기

(6) 쓰보이 츄지 : 역학 이야기, 이와나마 서점(1970)

(7) 요시후쿠 야스오 : 쉬운 역학 교실, 고단사(1977)

Ⅲ 체계적으로 쓰인 것

(8) 야마우치 야스히코 : 일반 역학, 이와마니 서점(1959)

(9) 도미 고타로 : 역학, 이와나미 쇼텐(1970)

(10) 후시미 야스하루 : 고전 역학, 이와나미 서점(1975)

(11) L. D.란다우, E. M.립시(히로시게, 미토 역) : 역학, 도쿄 도서(1960)

(12) J. C.슬레이터, N. H.프랭크(카키우치 역) : 역학, 마루젠(1960)

Ⅳ 공업적 응용에 중점을 둔 것

(13) 모리구치 시게 이치 : 초등 역학, 바이부칸(1959)

(14) 모리야 토미지로, 와시즈 큐이치로 : 역학 개론, 바이부칸(1968)

(15) 사카타 마사루 : 공업역학, 교리츠 출판(1977)

(16) T. V.컬먼, M. A.피오(무라야마, 타케다, 이이누마 역) : 공업에 있어서의 수학적 방법 상·하, 호세이 대학 출판국(1954)

(17) F. P.페어, E.R.존스턴(하세가와 역) : 공업을 위한 역학 – 상·하, 브레인 도서(1976)

(18) J. P. Den Hartog : Mechanics, McGraw-Hill(1948)

(19) S. Timoshenko, D. H. Young : Advanced Dyamics, McGraw-Hill(1948)

색인